ISNM

INTERNATIONAL SERIES OF NUMERICAL MATHEMATICS

INTERNATIONALE SCHRIFTENREIHE ZUR NUMERISCHEN MATHEMATIK

SÉRIE INTERNATIONALE D'ANALYSE NUMÉRIQUE

VOL. 19

Numerische Methoden bei Differentialgleichungen und mit funktionalanalytischen Hilfsmitteln

Vortragsauszüge der Tagungen

über Funktionalanalysis und numerische Mathematik
vom 31. Mai bis 2. Juni 1972
in der Technischen Universität Clausthal-Zellerfeld

und über

Numerische Behandlung von Differentialgleichungen
vom 4. bis 10. Juni 1972
am Mathematischen Forschungsinstitut Oberwolfach

Herausgegeben von
J. Albrecht und L. Collatz

1974
BIRKHÄUSER VERLAG BASEL
UND STUTTGART

ISBN 3-7643-0710-2

Vorwort

Der vorliegende Band gibt Vortragsauszüge von den folgenden beiden Tagungen:

31. Mai bis 2. Juni 1972
«Funktionalanalysis und numerische Mathematik» an der Technischen Universität Clausthal-Zellerfeld

4. bis 10. Juni 1972
«Numerische Behandlung von Differentialgleichungen» am Mathematischen Forschungsinstitut Oberwolfach
Tagungsleiter bei beiden Tagungen: J. ALBRECHT und L. COLLATZ

Wie bei früheren Tagungen am Mathematischen Forschungsinstitut Oberwolfach, die ähnlichen Problemkreisen galten, wurde auch bei diesen Tagungen versucht, Gebiete der abstrakten Mathematik und der Anwendungen einander wieder etwas näherzubringen, wobei sich die Numerik als ein sehr geeignetes Bindeglied erweist. Die hier wiedergegebenen Vorträge vermitteln einen Eindruck von der Vielzahl neuer Fragestellungen in der numerischen Mathematik und den Einsatzmöglichkeiten funktionalanalytischer Methoden.

Die Tagungsleiter und die Tagungsteilnehmer danken der VW-Stiftung für Unterstützung bei der erstgenannten Tagung, dem Leiter des Mathematischen Forschungsinstituts Oberwolfach, Herrn Prof. Dr. M. Barner, und seinen Mitarbeitern in Freiburg und Oberwolfach, Frau Dipl.-Math. K. Schulte von der Geschäftsstelle in Freiburg für redaktionelle Mithilfe und dem Verlag Birkhäuser für die stete Förderung und die gute Ausstattung des Buches.

Inhaltsverzeichnis

COMPUTABLE ERROR BOUNDS FOR THE FINITE ELEMENT METHOD FOR ELLIPTIC BOUNDARY VALUE PROBLEMS

by R. E. Barnhill in Salt Lake City and J. R. Whiteman in Uxbridge

1. INTRODUCTION

The purpose of this paper is to determine more nearly computable error bounds for finite element solutions to two-dimensional elliptic boundary value problems defined on simply connected polygonal regions. In the appropriate norm, the interpolation remainder is an upper bound on the finite element remainder. This follows from a best approximation property of finite element solution (Section 2). The SARD kernel theorems [7] provide representations of admissible linear functionals defined on function spaces of prescribed smoothness. These theorems are defined for rectangles and in Section 4 are extended to triangles. The method can be extended to more general regions [1]. In this paper we calculate the constants in interpolation error bounds for triangles. This is done in Section 5 for the particular case of piecewise linear interpolation. Finally in Section 6 the results of Section 5 are applied to a specific boundary value problem in order to obtain numerical results.

2. THE GALERKIN METHOD AND INTERPOLATION REMAINDER THEORY

For simplicity of presentation we consider Poisson' s equation, but the results can be extended to linear elliptic operators in divergence form and to certain monotone nonlinear operators [9]. The two-dimensional nonhomogeneous Dirichlet problem for Poisson' s equation is the following:

$$(2.1)\qquad -\Delta[u(x,y)] = g(x,y), \qquad (x,y) \in \Omega,$$

$$(2.2)\qquad u(x,y) = f(x,y), \qquad (x,y) \in \partial\Omega,$$

where Ω is a simply connected open bounded region with polygonal boundary $\partial\Omega$. The function g is in $L_2(\Omega)$ and f is in the fractional Sobolev space $W_2^{1/2}(\partial\Omega)$ which is defined below. If we multiply (2. 1) by a test function $v(x,y)$ that is in the Sobolev space $W_2^1(\Omega)$ and that satisfies the homogeneous boundary condition

$$(2.3)\qquad v(x,y) \equiv o, \qquad (x,y) \in \partial\Omega,$$

(i. e. $v \in \overset{o}{W}{}_2^1(\Omega)$) and the integrate by parts, we obtain the following:

$$(2.4)\qquad \begin{aligned} a(u,v) &= (g,v) \text{ for all } v \in \overset{o}{W}{}_2^1(\Omega) \\ u &= f \text{ on } \partial\Omega \end{aligned}$$

where

$$(2.5)\qquad a(u,v) \equiv \iint_\Omega [u_{1,o}v_{1,o} + u_{o,1}v_{o,1}]dx\,dy.$$

The notation $u_{1,o}$ means $\frac{\partial u}{\partial x}$ etc.

The problem (2. 4) is called the *weak* or *generalized* boundary value problem corresponding to (2. 1) and (2. 2). A function $u \in W_2^1(\Omega)$ that satisfies (2. 4) is called a weak or generalized solution of (2. 1) and (2. 2). We have motivated the definition of the weak problem by starting with the usual problem (2. 1) and (2. 2). However, the weak problem can be studied on its own merits and this is done in this paper.

We define the Sobolev spaces relevant to (2. 4).

$$W_2^1(\Omega) = \{\textit{functions that have generalized first derivatives in } L_2(\Omega)\}$$

and the norm in W_2^1 is the following:

$$(2.6)\qquad \|v\|_{W_2^1(\Omega)} \equiv \{\|v\|^2_{L_2(\Omega)} + \|v_{1,o}\|^2_{L_2(\Omega)} + \|v_{o,1}\|^2_{L_2(\Omega)}\}^{\frac{1}{2}}.$$

We note that $v_{1,o}$ is the generalized derivative $\frac{\partial v}{\partial x}$. This means that integration by parts is valid for $v_{1,o}$ multiplied by an arbitrary test function w in $W_2^1(\Omega)$. For completeness, we remark that the norm in $W_2^{1/2}(\partial\Omega)$ is the following:

(2.7) $$\|v\|_{W_2^{1/2}(\partial\Omega)} = \{\|v\|^2_{L_2(\partial\Omega)} + \int_{\partial\Omega}\int_{\partial\Omega} \frac{[v(t)-v(\tau)]^2}{(t-\tau)^3}\, dt\, d\tau\}^{\frac{1}{2}} .$$

The norm (2. 6) can be replaced by equivalent norms ([8], p. 342).

A useful equivalent norm is the following:

(2. 8) $$\|v\|_{W_2^1(\Omega),L} = \{|L(v)|^2 + \|v_{1,0}\|^2_{L_2(\Omega)} + \|v_{0,1}\|^2_{L_2(\Omega)}\}^{\frac{1}{2}},$$

where L is a linear functional that is bounded with respect to the pseudonorm (2. 9) defined below and such that $L(1) \neq 0$. For functions v such that $v \equiv 0$ on $\partial\Omega$ the choice $Lv = \int_{\partial\Omega} v\, ds$ leads to the following definition:

(2. 9) $$\|v\|_{\overset{\circ}{W}_2^1(\Omega)} \equiv \|\nabla v\|_{L_2(\Omega)},$$

where

$$\|\nabla v\|_{L_2(\Omega)} \equiv \{\|v_{1,0}\|^2_{L_2(\Omega)} + \|v_{0,1}\|^2_{L_2(\Omega)}\}^{\frac{1}{2}}.$$

$\overset{\circ}{W}_2^1(\Omega)$ consists of functions in $W_2^1(\Omega)$ that are identically zero on $\partial\Omega$.

Let S be a finite-dimensional subset of $W_2^1(\Omega)$ with the property that its functions satisfy a discretization of the nonhomogeneous boundary condition (2. 2). Let S_0 be the corresponding subspace of $\overset{\circ}{W}_2^1(\Omega)$. A function U in S is the Galerkin approximation to the solution u of the weak problem.(2. 4) means that

(2. 10) $$a(U,w) = (g,w) \text{ for all } w \text{ in } S_0 \subset \overset{\circ}{W}_2^1(\Omega).$$

Two possibilities for S are

$S = S^1 =$ {*piecewise linear functions defined on a triangulated polygon*}

and

$S = S^1 \oplus$ {*certain singular functions*}.

The latter example is relevant for a region Ω with a re-entrant corner and is discussed in our other paper in this volume [4].

The definitions of the weak problem (2. 4) and the Galerkin method (2. 10) imply the following:

LEMMA: *U is a best approximation to u from* **S** *in the pseudonorm induced by $a(u, v)$.*

For simplicity we consider the homogeneous boundary condition $f = o$ in (2. 2). A proof of this lemma for the case of nonhomogeneous boundary conditions is given in [1].

Proof of the lemma for $S = S_o$: $a(u, v)$ induces the $\overset{\circ}{W}{}_2^1$ norm on W_2^1. In this homogeneous case, the Galerkin solution U is in the same set S_o as the trial functions w in (2. 10). By the definition of the weak solution u and the Galerkin approximation U,

(2. 11) $$a(U, w) = a(u, w) \text{ for all } w \text{ in } S_o.$$

Since S_o is finite-dimensional, it has a basis

$$\{B_j(x, y)\}_{j=1}^N \quad \text{for some } N. \text{ By (2. 11), with} \quad U(x, y) = \sum_{j=1}^N A_j B_j(x, y)$$

and $w = B_k$,

(2. 12) $$\sum_{j=1}^N A_j a(B_j, B_k) = a(u, B_k), \qquad k = 1, \ldots, N.$$

Equations (2. 12) are the normal equations for the best approximation U to the function u in the norm induced by $a(u, v)$.

The lemma implies the applicability of interpolation remainder theory to finite element analysis. For, if p is some interpolant in S_o to u, then

(2. 13) $$\|u-U\|_{\overset{\circ}{W}{}_2^1} \leq \|u-p\|_{\overset{\circ}{W}{}_2^1}.$$

This best approximation lemma applies to an arbitrary finite set of linearly independent functions and so, in particular, to the space S^1 augmented by singular functions (see [4]).

The generalizations mentioned in Section 1 from the Laplacian operator to more general elliptic operators involve the assumptions of ellipticity and boundedness of the bilinear functional $a(u, v)$. For a $2l^{\text{th}}$ order differential operator, these assumptions imply that the energy norm induced by $[a(u,u)]^{\frac{1}{2}}$ is equivalent to the W_2^l norm. In this case, (2. 13) is valid in the energy norm. The ellipticity and boundedness assumptions, relative to $\overset{\circ}{W}{}_2^l$, yield the following analogue of (2. 13):

$$\|u-U\|_{\overset{\circ}{W}{}_2^l(\Omega)} \leq M_{l,\Omega} \|u-\dot{p}\|_{\overset{\circ}{W}{}_2^l(\Omega)} . \tag{2. 14}$$

A value for M can frequently be found.

3. INTERPOLATION ON TRIANGULAR ELEMENTS

The polygonal region Ω can be triangulated into elements. ZLAMAL [11], ZENISEK [10] and BRAMBLE and ZLAMAL [6] have considered spaces $S^{4m+\mu}$ of trial functions that are piecewise polynomials $p_{4m+\mu}$ of degree $4m+\mu$, $\mu = 1,2,3,4;$ $m = 0,1,...$. They have shown that $S^{4m+\mu}(\Omega) \subset C^m(\Omega)$, $m = 0,1,...$. We note that $C^m(\Omega) \subset W_2^{m+1}(\Omega)$. They have also obtained Sobolev space norms for the interpolation remainders. For example, if T is a triangular element with smallest interior angle θ, longest side length h, and $2m+2 \leq k \leq 4m+2;$ $o \leq l \leq k;$ $l \leq m+1$, then

$$\|u-p_{4m+1}\|_{W_2^l(T)} \leq \frac{Ch^{k-l}}{(\sin\theta)^{m+l}} \|u\|_{\overset{\circ}{W}{}_2^k(T)} , \tag{3. 1}$$

where $\|u\|_{\overset{\circ}{W}{}_2^k(T)} = \{ \sum_{|i|=k} \|D^i u\|^2_{L_2(T)} \}^{\frac{1}{2}}$ and

C is a constant that is independent of u and h but dependent on $k, l, m,$ and T. Inequality (3. 1) over the triangle T implies the following inequality over the polygonal region Ω:

$$\|u-p_{4m+1}\|_{W_2^l(\Omega)} \leq \frac{\tilde{C}h^{k-l}}{(\sin\alpha)^{m+l}} \|u\|_{\overset{\circ}{W}{}_2^k(\Omega)} , \tag{3. 2}$$

where $\tilde{C}$ now depends on Ω instead of T. If the constant C in (3. 1) were independent of T, then it could be taken as the $\tilde{C}$ in (3. 2). α is the smallest angle in the triangulation of Ω. The calculation of the constants $C = C(k, l, m, \Omega)$ has always been a problem.

For a $2l^{th}$ order differential operator with Galerkin approximation U, (2. 14) implies that

$$\|u-U\|_{\overset{\circ}{W}{}_2^l(\Omega)} \leq \frac{M\,\tilde{C}\,h^{k-l}}{(\sin\alpha)^{m+l}} \|u\|_{\overset{\circ}{W}{}_2^k(\Omega)} . \tag{3. 3}$$

Additional inequalities on the left hand side of (3. 3) are available from the Sobolev imbedding theorems [8] in the form

$$\|u-U\|_{W_2^{l-1}(\Omega)} \leq B_{l,\Omega} \|u-U\|_{W_2^l(\Omega)} , \tag{3. 4}$$

where the minimal such constant $B_{l,\Omega}$ is the norm of the imbedding operator from $W_2^l(\Omega)$ into $W_2^{l-1}(\Omega)$. Numerical values of these constants are in general not known. For a convex bounded region, BARNHILL and GREGORY [1] found that, for (3. 4), $B_{1,\Omega} \leq \frac{B}{2}$ where B is the maximum of B_x, B_y where B_x is the diameter of Ω along parallels to the x-axis and B_y is dual.

4. INTERPOLATION REMAINDER THEORY

We shall state a general method for the calculation of constants analogous to the C in (3.1) and (3.2). Let T be the right triangle with vertices at $(0, 0)$, $(h, 0)$ and $(0, h)$. The Sard space $\underline{\underline{B}}_{p,q}(T)$ consists of functions v that are sufficiently smooth to have Taylor expansions of the following form:

$$\begin{aligned} v(x,y) = {} & \sum_{i+j<n} (x-a)^{(i)} (y-b)^{(j)} v_{i,j}(a,b) + \sum_{j<q} (y-b)^{(j)} \int_a^x (x-\tilde{x})^{(n-j-1)} v_{n-j,j}(\tilde{x},b)\,d\tilde{x} \; + \\ & + \sum_{i<p} (x-a)^{(i)} \int_b^y (y-\tilde{y})^{(n-i-1)} v_{i,n-i}(a,\tilde{y})\,d\tilde{y} + \int_a^x (x-\tilde{x})^{(p-1)} \int_b^y (y-\tilde{y})^{(q-1)} v_{p,q}(\tilde{x},\tilde{y})\,d\tilde{y}\,d\tilde{x}, \end{aligned} \tag{4. 1}$$

where $(x-a)^{(i)} = \frac{(x-a)^i}{i!}$ etc.

The derivatives in (4. 1) can be generalized [1]. Thus the same *kind* of derivatives can be used in Sard and Sobolev spaces, but it is important to note that in (4. 1) all the derivatives except the (p,q) th involve only one variable of integration.

As stated above, the Sard kernel theorems are defined for rectangles, e. g., the square $[o,h] \times [o,h]$. Then the indefinite integrals in the Taylor expansion (4. 1) for $\underline{\underline{B}}_{p,q}([o,h]\times[o,h])$ are changed to definite integrals by means of a certain function ψ defined below. Finally an admissible functional is applied to the altered Taylor expansion. F is an admissible functional for $\underline{\underline{B}}_{p,q}([o,h]\times[o,h])$ if F is of the following form:

$$Fv = \sum_{\substack{i<p\\ j<q}} \int_o^h\int_o^h v_{i,j}(x,y)d\mu^{i,j}(x,y) + \sum_{\substack{i+j<n\\ i\geq p}} \int_o^h v_{i,j}(x,b)d\mu^{i,j}(x) + \tag{4. 2}$$

$$+\sum_{\substack{i+j<n\\ j\geq q}} \int_o^h v_{i,j}(a,y)d\mu^{i,j}(y),$$

where the $\mu^{i,j}$ are of bounded variation with respect to their arguments. Hence

$$F[v(x,y)] = \sum_{i+j<n} c^{i,j}v_{i,j}(a,b) + \sum_{j<q}\int_o^h v_{n-j,j}(\tilde{x},b)K^{n-j,j}(x,y;\tilde{x})d\tilde{x} + \tag{4. 3}$$

$$+\sum_{i<p}\int_o^h v_{i,n-i}(a,\tilde{y})K^{i,n-i}(x,y;\tilde{y})d\tilde{y} + \int_o^h\int_o^h v_{p,q}(\tilde{x},\tilde{y})K^{p,q}(x,y;\tilde{x},\tilde{y})d\tilde{x}\,d\tilde{y}.$$

In (4. 3) the $c^{i,j} = F_{(x,y)}[(x-a)^{(i)}(y-b)^{(j)}]$, where the notation $F_{(x,y)}$ means that the functional is applied to functions of the variables x and y, and the kernels are the following:

$$K^{n-j,j}(x,y;\tilde{x}) = F_{(x,y)}[(x-\tilde{x})^{(n-j-1)}\psi(a,\tilde{x},x)(y-b)^{(j)}],\quad j<q;\ \tilde{x}\notin Jx, \tag{4. 4}$$

$$K^{i,n-i}(x,y;\tilde{y}) = F_{(x,y)}[(x-a)^{(i)}\psi(b,\tilde{y},y)(y-\tilde{y})^{(n-i-1)}],\quad i<p;\ \tilde{y}\notin Jy, \tag{4. 5}$$

$$K^{p,q}(x,y;\tilde{x},\tilde{y}) = F_{(x,y)}[(x-\tilde{x})^{(p-1)}\psi(a,\tilde{x},x)(y-\tilde{y})^{(q-1)}\psi(b,\tilde{y},y)],\quad \tilde{x}\notin Jx, \tilde{y}\notin Jy. \tag{4. 6}$$

Jx and Jy are the *jump sets* of the functions $\mu^{i,j}$ in (4. 2), and are defined in SARD ([7], p. 172). The function ψ is defined as follows:

$$\psi(a, \tilde{x}, x) \equiv \begin{cases} 1 & \text{if} \quad a \leq \tilde{x} < x, \\ -1 & \text{if} \quad x \leq \tilde{x} < a, \\ 0 & \text{otherwise} \end{cases}$$

and $\psi(b, \tilde{y}, y)$ is dual.

5. PIECEWISE LINEAR INTERPOLATION

We illustrate how to obtain error bounds with the case of piecewise linear interpolation over a triangulated polygon Ω. Our analysis is carried out on the triangle T with vertices at $(0,0)$, $(h,0)$ and $(0,h)$. On T the linear interpolant p_1 is the following:

$$(5.1) \qquad p_1(x,y) = [1 - (\frac{x+y}{h})]\, u(0,0) + \frac{x}{h} u(h,0) + \frac{y}{h} u(0,h).$$

The relevant Sard space is $\underset{=}{B}_{1,1}(T)$. We define the interpolation remainder functionals as follows:

$$(5.2) \qquad Ru(x,y) \equiv u(x,y) - p_1(x,y),$$

$$(5.3) \qquad R_{1,0}u(x,y) \equiv \frac{\partial}{\partial x} Ru(x,y),$$

$$(5.4) \qquad R_{0,1}u(x,y) \equiv \frac{\partial}{\partial y} Ru(x,y).$$

The functional R.

R is zero for the functions 1, x and y. In general, if an approximation rule is exact for all polynomials of degree less than or equal to $n-1$, then the Sard indices p and q are chosen so that $p+q \leq n$. We let $(a,b) = (0,0)$. R is admissible and so by (4. 3),

$$Ru(x,y) = \int_0^h u_{2,0}(\tilde{x},0)\,K^{2,0}(x,y;\tilde{x})d\tilde{x} + \int_0^h u_{0,2}(0,\tilde{y})\,K^{0,2}(x,y;\tilde{y})d\tilde{y}$$

(5.5)

$$+ \int_T\int u_{1,1}(\tilde{x},\tilde{y})K^{1,1}(x,y;\tilde{x},\tilde{y})d\tilde{x}\,d\tilde{y}.$$

The third integral is over T instead of $[0,h] \times [0,h]$ because $K^{1,1} \equiv 0$ for $(\tilde{x},\tilde{y})$ outside T. (However, this is not true for remainder functionals in general. See the example in [1].)

A special feature of $\underline{\underline{B}}_{1,1}$, which is not true of $\underline{\underline{B}}_{p,q}$ in general, is that the jump sets Jx and Jy for R are empty.

We use (5.5) to obtain an upper bound on $\|Ru\|_{L_q}$. Let p and p' be such that $\frac{1}{p} + \frac{1}{p'} = 1$, where p and p' are independent of q. By (5.5),

$$\|Ru(x,y)\|_{L_q(x,y)} \le \|u_{2,0}(\tilde{x},0)\|_{L_{p'}(\tilde{x})}\,\|\,\|K^{2,0}(x,y;\tilde{x})\|_{L_p(\tilde{x})}\|_{L_q(x,y)}$$

(5.6)

$$+ \|u_{0,2}(0,\tilde{y})\|_{L_{p'}(\tilde{y})}\,\|\,\|K^{0,2}(x,y;\tilde{y})\|_{L_p(\tilde{y})}\|_{L_q(x,y)}$$

$$+ \|u_{1,1}(\tilde{x},\tilde{y})\|_{L_{p'}(\tilde{x},\tilde{y})}\,\|\,\|K^{1,1}(x,y;\tilde{x},\tilde{y})\|_{L_p(\tilde{x},\tilde{y})}\|_{L_q(x,y)}.$$

The norms involving two variables are over T and those involving one variable are over $[0,h]$. In (4.4), (4.5) and (4.6), we set F equal to the R defined by (5.1) and (5.2) and obtain the following:

$$K^{2,0}(x,y;\tilde{x}) = \begin{cases} -\frac{\tilde{x}}{h}(h-x), & 0 \le \tilde{x} \le x, \\ -\frac{x}{h}(h-\tilde{x}), & x \le \tilde{x} \le h, \end{cases}$$

and so

(5.7) $$\|K^{2,0}(x,y;\tilde{x})\|_{L_p(\tilde{x})} = \frac{(h-x)x}{h}\left(\frac{h}{1+p}\right)^{\frac{1}{p}}.$$

From the symmetry of R with respect to the lines $y = x$ and $\tilde{y} = \tilde{x}$, it follows that

(5.8) $$\|K^{0,2}(x,y;\tilde{y})\|_{L_p(\tilde{y})} = \frac{(h-y)y}{h}\left(\frac{h}{1+p}\right)^{\frac{1}{p}}.$$

Finally, for the third kernel we have that

(5. 9) $$\|K^{1,1}(x,y;\tilde{x},\tilde{y})\|_{L_p(\tilde{x},\tilde{y})} = (xy)^{\frac{1}{p}}.$$

The norm $\|Ru(x,y)\|_{L_q(x,y)}$ is cumbersome to calculate, so the triangle inequality for the L_q norm is used to obtain the sum of the L_q norms of the three relevant terms on the right hand side of (5. 6). Therefore,

$$\|Ru(x,y)\|_{L_q(x,y)} \leq [\|u_{2,0}(\tilde{x},0)\|_{L_{p'}(\tilde{x})} + \|u_{0,2}(0,\tilde{y}\|_{L_{p'}(\tilde{y})}].$$

(5. 10) $$\|\frac{(h-x)x}{h}(\frac{h}{1+p})^{\frac{1}{p}}\|_{L_q(x,y)} + \|u_{1,1}(\tilde{x},\tilde{y})\|_{L_{p'}(\tilde{x},\tilde{y})}\|(xy)^{\frac{1}{p}}\|_{L_q(x,y)}.$$

Also,

(5. 11) $$\|\frac{(h-x)x}{h}(\frac{h}{1+p})^{\frac{1}{p}}\|_{L_q(x,y)} = \frac{h^{1+\frac{1}{p}+\frac{2}{q}}}{(1+p)^{1/p}}\{\frac{(q!)^2}{2(2q+1)!}\}^{\frac{1}{q}}.$$

If $\frac{q}{p}$ is an integer r, as is the case with Sobolov space where $p = q = 2$ so that $r = 1$, then

(5. 12) $$\|(xy)^{\frac{1}{p}}\|_{L_q(x,y)} = h^{(\frac{2}{p}+\frac{2}{q})}\{\frac{(r!)^2}{2(2r+1)!}\}^{\frac{1}{q}}.$$

Hence substitution of (5. 11) and (5. 12) into (5. 10) yields a bound on the L_q norm of $Ru(x,y)$ over T in terms of $L_{p'}$ norms of the second derivatives of u. Note that two of these $L_{p'}$ norms involve univariate functions while the third involves a bivariate function. We are of course particularly interested in the Sobolov space $W_2^o(T)$, so that we consider the special case $p = p' = q = 2$. In this case (5. 10), (5. 11) and (5. 12) imply that

(5. 13) $$\|u(x,y)-p_1(x,y)\|_{W_2^o(x,y)} \leq [\|u_{2,0}(\tilde{x},0)\|_{L_2(\tilde{x})} + \|u_{0,2}(0,\tilde{y})\|_{L_2(\tilde{y})}]\frac{h^{\frac{5}{2}}}{6\sqrt{5}} + \|u_{1,1}(\tilde{x},\tilde{y})\|_{L_2(\tilde{x},\tilde{y})}\frac{h^2}{2\sqrt{3}}.$$

We assume that the three norms on the right hand side of (5. 13) are finite. The Bramble and Zlamal result (3. 1) comparable to (5. 13) is:

(5. 14) $$\|u-p_1\|_{W_2^0(T)} \leq Ch^2 \{ \sum_{|i|=2} \|D^i u\|^2_{L_2(T)} \}^{\frac{1}{2}} .$$

In order to obtain the analog of (5. 13) for the whole region Ω, we observe that

(5. 15) $$\|u-p_1\|_{L_2(\Omega)} = \{ \sum_e \|u-p_1\|^2_{L_2(T_e)} \}^{\frac{1}{2}}$$

where the summation is taken over all right triangular elements T_e and T_e^*, where T_e is a translation of T and T_e^* is the upper triangle analogous to the lower left triangle T_e.

In practice, we calculate the right hand side of (5. 13) *before* it is squared and summed in (5. 15). The numerical example in Section 6 illustrates this procedure.

The functionals $R_{1,0}$ *and* $R_{0,1}$.

We next consider $R_{1,0}$ and $R_{0,1}$ as defined in (5. 3) and (5. 4). They also have polynomial precision one. However, they are *not* admissible functionals on $\underline{\underline{B}}_{1,1}(T)$ unless $(x,y) = (a,b)$. This was recognised for tensor product Hermite interpolation over rectangles by BIRKHOFF, SCHULTZ and VARGA [5], who let the point of interpolation (x,y) be the point of Taylor expansion (a,b). However, for triangles this choice leads to the use of derivative values in the rectangle with sides parallel to the coordinate axes that just contains the triangle. For a triangle at the boundary of Ω, this leads to the use of derivative values outside Ω, which is not desirable.

Therefore, we apply $R_{1,0}$ and $R_{0,1}$ to the Taylor expansion (4. 1) directly. Again, we let $(a,b) = (0,0)$. We note that

(5. 16) $$R_{1,0}\, u(x,y) = u_{1,0}(x,y) + \frac{u(0,0) - u(h,0)}{h}$$

with the dual expression for $R_{0,1}u$.

Thus we have the following:

$$R_{1,0}u(x,y) = R_{1,0(x,y)}[\int_0^x (x-\tilde{x})u_{2,0}(\tilde{x},b)d\tilde{x}] +$$

(5. 17)
$$+ R_{1,0(x,y)}[\int_0^y (y-\tilde{y})u_{0,2}(a,\tilde{y})d\tilde{y}] +$$

$$+ R_{1,0(x,y)}[\int_0^x \int_0^y u_{1,1}(\tilde{x},\tilde{y})d\tilde{y}\, d\tilde{x}].$$

The three summands in (5. 17) are each of a different kind. The first can be evaluated in a manner similar to the summands of $Ru(x,y)$. The second term will be shown to be identically zero. Finally, the third term cannot be evaluated by means of the Sard kernel theorem and the Taylor expansion must be used instead.

Calculation of the first term in (5. 17)

$$R_{1,0(x,y)}[\int_0^x (x-\tilde{x})u_{2,0}(\tilde{x},0)d\tilde{x}]$$

(5. 18)
$$= \int_0^x u_{2,0}(\tilde{x},0)d\tilde{x} - \frac{1}{h}\int_0^h (h-\tilde{x})u_{2,0}(\tilde{x},0)d\tilde{x}$$

$$= \int_0^h [(x-\tilde{x})_+^0 - (\frac{h-\tilde{x}}{h})]u_{2,0}(\tilde{x},0)d\tilde{x}.$$

We apply Hölder's inequality with respect to $\tilde{x}$ to (5. 18), with the $L_{p'}$ norm of $u_{2,0}(\tilde{x},0)$ and the L_p norm of the rest of the integrand, where $\frac{1}{p} + \frac{1}{p'} = 1$. The result of the latter is the following:

(5. 19)
$$[\int_0^h |(x-\tilde{x})_+^0 - (1-\frac{\tilde{x}}{h})|^p d\tilde{x}]^{\frac{1}{p}} = (\frac{1}{p+1})^{\frac{1}{p}}[\frac{x^{p+1}}{h^p} + h(1-\frac{x}{h})^{p+1}]^{\frac{1}{p}}.$$

As outlined previously for R, we use for $R_{1,0}u$ in (5. 17) the triangle inequality on the right hand side and then the triangle inequality on each of the three integrals, followed by Hölder's inequality on each integral. Then we take the L_q norm of the resulting inequality and use the triangle inequality for L_q on the right hand side. Thus we need the $L_q(x,y)$ norm of (5. 18) and we make the simplifying assumption that $q = p$. Then, eventually,

$$\| \, \|(x-\tilde{x})_{+}^{o} - (1-\frac{\tilde{x}}{h})\|_{L_p(\tilde{x})} \|_{L_p(x,y)} = [\frac{1}{(p+1)(p+2)}]^{\frac{1}{p}} h^{\frac{3}{p}} .$$

Calculation of the second term in (5. 17)

$$R_{1,0(x,y)}[\int (y-\tilde{y})u_{0,2}(o,\tilde{y})d\tilde{y}] = \frac{\partial}{\partial x}[\int (y-\tilde{y})u_{0,2}(o,\tilde{y})d\tilde{y}]$$

(5. 21)
$$+ \frac{1}{h}[\int (y-\tilde{y})u_{0,2}(o,\tilde{y})d\tilde{y}] \Bigg|_{(x,y)=(h,o)}^{(x,y)=(o,o)}$$

$$\equiv o.$$

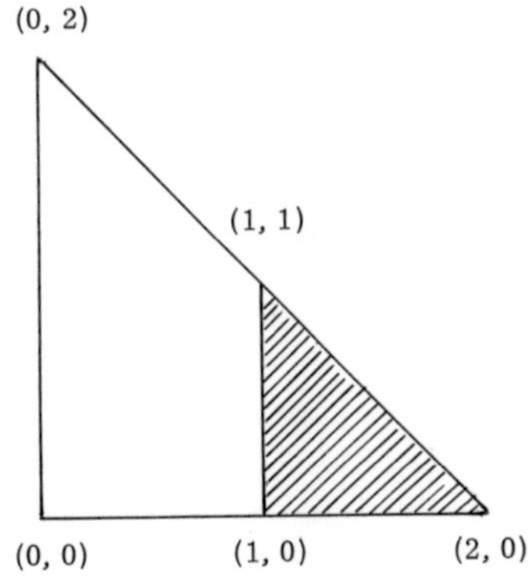

Fig. 1

Consider the "Sard triangle" of partial derivative indices for $\underline{\underline{B}}_{1,1}$, Fig. 1. Equation (5. 21) implies that the *(1, o)* partial derivative of the remainder R depends only on the partials *(1, 1)* and *(2, o)* and not on the partial *(o, 2)* which is also a part of the "full core" of u in $\underline{\underline{B}}_{1,1}$ (Sard, p. 167). This is a special case of the following Theorem in BARNHILL and GREGORY [1]:

THEOREM: *If $f(x,y)$ in $\underline{\underline{B}}_{p,q}$ is of the form $f(x,y) = p_i(x) H(y)$ where $p_i(x)$ is a polynomial in x of degree $i < h$, and if the interpolation functional P has the* *property that*

(5.22) $$P[p_i(x)H(y)] = q(x,y),$$

where $q(x,y)$ *considered as a function of* x *alone is a polynomial of degree* $< h$, *then the Sard kernels for the functional* $D^{(h,k)}R$ *have the property that*

$$K^{i,p+q-i}(x,y;\tilde{y}) = 0, \qquad 0 \leq i < h \leq p.$$

An analogous result holds in the other variable $\tilde{x}$.

Therefore, the kernel $K^{0,2}$ corresponding to $R_{1,o}$ over $\underline{\underline{B}}_{1,1}(T)$ is identically zero because (5.22) holds with $i = o$.

Calculation of the third term in (5.17)

(5.23)
$$R_{1,o(x,y)}[\int_0^x\int_0^y u_{1,1}(\tilde{x},\tilde{y})d\tilde{y}\,d\tilde{x}] = \frac{\partial}{\partial x}[\int_0^x\int_0^y u_{1,1}(\tilde{x},\tilde{y})d\tilde{y}\,d\tilde{x}]$$
$$= \int_0^y u_{1,1}(x,\tilde{y})d\tilde{y}.$$

(5.24) $$\{\int_0^h\int_0^{h-y}|\int_0^y u_{1,1}(x,\tilde{y})d\tilde{y}|^q\,dx\,dy\}^{\frac{1}{q}} \leq \{\int_0^h\int_0^{h-y}\int_0^y|u_{1,1}(x,\tilde{y})|^q\,d\tilde{y}\;y^{\frac{q}{q'}}dx\,dy\}^{\frac{1}{q}},$$

where $\frac{1}{q} + \frac{1}{q'} = 1$.

From the shaded rectangle in Fig. 2, we note that

$$\int_0^{h-y}\int_0^y|u_{1,1}(x,\tilde{y})|^2\,d\tilde{y}\,dx \leq \int_T\int|u_{1,1}(x,\tilde{y})|^2\,d\tilde{y}\,dx.$$

Hence the right hand side of (5.24) is bounded above by the following:

$$\|u_{1,1}(x,\tilde{y})\|_{L_q(T)(x,\tilde{y})}\left(\frac{h}{(q)^{1/q}}\right).$$

We have now obtained the following:

$$\|R_{1,0}u(x,y)\|_{L_q(x,y)} \le \|u_{2,0}(\tilde{x},0)\|_{L_{p'}(\tilde{x})}\left[\frac{1}{(p+1)(p+2)}\right]^{\frac{1}{p}} h^{\frac{3}{p}} + \tag{5.25}$$

$$+ \|u_{1,1}(x,\tilde{y})\|_{L_q(x,\tilde{y})}\left(\frac{h}{(q)^{1/q}}\right).$$

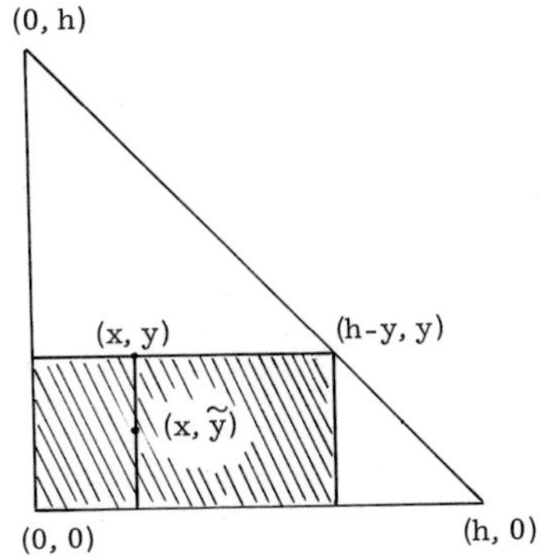

Fig. 2

For the Sobolev space case of $q = p = p' = 2$, we have that

$$\|R_{1,0}u(x,y)\|_{L_2(x,y)} \le \|u_{2,0}(\tilde{x},0)\|_{L_2(\tilde{x})}\frac{h^{3/2}}{2\sqrt{3}} + \|u_{1,1}(x,\tilde{y})\|_{L_2(x,\tilde{y})}\frac{h}{\sqrt{2}}. \tag{5.26}$$

$R_{0,1}u(x,y) = \frac{\partial}{\partial y}u(x,y)$ is dual to $R_{1,0}u(x,y)$. This is due to the symmetry in the kernel form of R about the lines $y = x$ and $\tilde{y} = \tilde{x}$ coming from $(a,b) = (0,0)$ being on the line $y = x$, and the symmetry of the triangle T with respect to $y = x$. Therefore,

$$\|R_{0,1}u(x,y)\|_{L_q(x,y)} \le \|u_{0,2}(0,\tilde{y})\|_{L_{p'}(\tilde{y})}\left[\frac{1}{(p+1)(p+2)}\right]^{\frac{1}{p}} h^{\frac{3}{p}} + \tag{5.27}$$

$$+ \|u_{1,1}(\tilde{x},y)\|_{L_q(\tilde{x},y)}\left(\frac{h}{(q)^{1/q}}\right),$$

with the obvious expression analogous to (5.26). Hence

$$\|R_{1,0}u(x,y)\|_{L_q(x,y)} + \|R_{0,1}u(x,y)\|_{L_q(x,y)}$$

(5. 28)
$$\leq h^{\frac{3}{p}} \left[\frac{1}{(p+1)(p+2)}\right]^{\frac{1}{p}} \{\|u_{2,0}(\tilde{x},0)\|_{L_{p'}(\tilde{x})} +$$

$$+ \|u_{0,2}(0,\tilde{y})\|_{L_{p'}(\tilde{y})}\} + h\frac{2}{(q)^{1/q}} \|u_{1,1}(x',y')\|_{L_q(x',y')} .$$

Finally, since $\alpha, \beta > 0$ imply $(\alpha^2 + \beta^2)^{\frac{1}{2}} \leq \alpha + \beta$, the Sobolev space case is the following:

$$\|u-p_1\|_{\overset{\circ}{W}{}_2^1(T)} = \{(\|R_{1,0}u\|_{L_2(T)})^2 + (\|R_{0,1}u\|_{L_2(T)})^2\}^{\frac{1}{2}}$$

(5. 29)
$$\leq \frac{h^{\frac{3}{2}}}{2\sqrt{3}} \{\|u_{2,0}(\tilde{x},0)\|_{L_2[0,h]} + \|u_{0,2}(0,\tilde{y})\|_{L_2[0,h]}\}$$

$$+ \sqrt{2}\, h \,\|u_{1,1}(x',y')\|_{L_2(T)} .$$

6. NUMERICAL EXAMPLE

Let $\Omega = S_\pi$, the square of side length π with lower left corner at $(0, 0)$. We consider the following nonhomogeneous Dirichlet problem:

$$\Delta u = 0 \quad \text{on} \quad S_\pi$$

(6. 1)
$$u|_{\partial S_\pi} = 0 \qquad \text{except that } u(x,0) = \sin x, \qquad 0 \leq x \leq \pi.$$

The functional R.

We use (5. 10), (5. 11) and (5. 12) with $p' = \infty$ and (hence) $p = 1$.
Since

$$\|K^{2,0}\|_{L_1(\tilde{x})} = \|K^{0,2}\|_{L_1(\tilde{y})}, \quad \|u_{2,0}\|_{L_\infty(S_\pi)} = \|u_{0,2}\|_{L_\infty(S_\pi)} = 1,$$

and $\|u_{1,1}\|_{L_\infty(S_\pi)} = 1,004$, we have that

(6. 2)
$$\|Ru\|_{L_q(T)} \leq 2 \|\, \|K^{2,0}(x,y;\tilde{x})\|_{L_1(\tilde{x})}\|_{L_q(x,y)}$$

$$+ 1,004 \|\, \|K^{1,1}(x,y;\tilde{x},\tilde{y})\|_{L_1(\tilde{x},\tilde{y})}\|_{L_q(x,y)} .$$

For $q = 2$, (5. 10), (5. 11), (5. 12) and (6. 2) imply that

$$\|u-p_1\|_{L_2(T)} \leq \frac{h^3}{\sqrt{15}} \tag{6. 3}$$

There are $2N^2$ subtriangles of S_π, where $N=\frac{\pi}{h}$. Since (6. 3) is valid *uniformly* for the subtriangles, the overall error bound on S_π is the following:

$$\|u-p_1\|_{L_2(S_\pi)} = \{\sum_e \|u-p_1\|^2_{L_2(T_e)}\}^{\frac{1}{2}} \leq \sqrt{2}\, N \frac{h^3}{\sqrt{15}} = \sqrt{\frac{2}{15}}\, \pi h^2 = 1.16h^2. \tag{6. 4}$$

An improvement can be made in this bound by the direct use of (5. 7), (5. 8) and (5. 9) as follows:

$$|Ru(x,y)| \leq \|u_{2,0}(\tilde{x},0)\|_{L_\infty(\tilde{x})} \frac{(h-x)x}{2} + \|u_{1,1}(\tilde{x},\tilde{y})\|_{L_\infty(\tilde{x},\tilde{y})} xy + \|u_{0,2}(0,\tilde{y})\|_{L_\infty(\tilde{y})} \frac{(h-y)y}{2}. \tag{6. 5}$$

If the norms of the three derivatives are substituted directly into (6. 5) and then the $L_2(T)$ norm is computed, we obtain the following:

$$\|Ru\|_{L_2(T)} \leq \frac{h^3}{\sqrt{40}}, \tag{6. 6}$$

$$\|u-p_1\|_{L_2(S_\pi)} \leq \sqrt{2}\, N \frac{h^3}{\sqrt{40}} = 0.70h^2. \tag{6. 7}$$

For $q = \infty$, (6. 2) and (6. 5) yield the same result because the function

$$\frac{(h-x)x}{2} + xy + \frac{(h-y)y}{2}$$

is non-negative on the triangle T. Hence

$$\|Ru\|_{L_\infty(T)} \leq \frac{h^2}{2}, \tag{6. 8}$$

which implies that

$$\|u-p_1\|_{L_\infty(S_\pi)} \leq \frac{h^2}{2}. \tag{6.9}$$

The actual error $u - p_1$ has been calculated at the midpoints of the sides of the triangle shown in Fig. 3. With $h = \frac{\pi}{8}$,

$$(u-p_1)(\tfrac{9\pi}{16}, \tfrac{3\pi}{16}) = 0,0043$$

$$(u-p_1)(\tfrac{\pi}{2}, \tfrac{3\pi}{16}) = -o.olo7$$

$$(u-p_1)(\tfrac{9\pi}{16}, \tfrac{\pi}{8}) = 0.0127$$

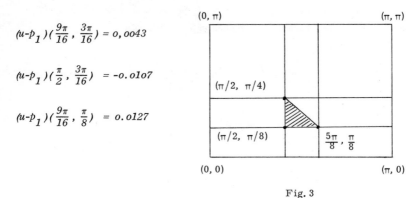

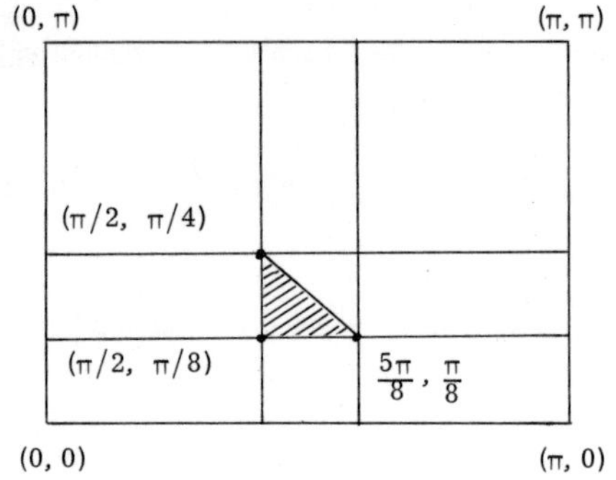

Fig. 3

These numbers can be compared with (6. 9) evaluated at $h = \frac{\pi}{8}$, i. e.,

$$\|u-p_1\|_{L_\infty(S_\pi)} \leq 0,078.$$

(The inclusion of some additional information reduces 0.078 to 0.040.)

The remainder functionals $R_{1,0}$ *and* $R_{0,1}$.

The direct substitution (5. 19), (5. 21) and (5. 23) into (5. 17) together with Hölder's inequality with $p' = \infty$ yield the following:

$$|R_{1,0}u(x,y)| \leq \frac{1}{2h}[x^2+(h-x)^2] \, \|u_{2,0}(\tilde{x},0)\|L_\infty(\tilde{x})+y\,\|u_{1,1}(\tilde{x},\tilde{y})\|_{L_\infty(\tilde{x},\tilde{y})}. \tag{6.10}$$

Substitution of (6. 2) into (6. 10) implies:

$$\|R_{1,0}u\|_{L_2(T)} \leq \frac{h^2}{\sqrt{5}}. \tag{6.11}$$

Since

$$(\|u-p_1\|_{\overset{\circ}{W}{}_2^1(S_\pi)})^2 = \sum_e (\|u-p_1\|_{\overset{\circ}{W}{}_2^1(T_e)})^2 = \sum_e (\|R_{1,0}u\|^2_{L_2(T_e)} + \|R_{0,1}u\|^2_{L_2(T_e)}),$$

the overall bound is the following:

$$(6.12) \qquad \|u-p_1\|_{W_2^1(S_\pi)} \leq \sqrt{2}N\sqrt{\frac{2}{5}}h^2 = \frac{2\pi}{\sqrt{5}}h = 2.80h.$$

* * *

REFERENCES

1. Barnhill, R. E., and J. A. Gregory: Sard kernel theorems on triangular and rectangular domains with extensions and applications to finite element error bounds. TR/11, Department of Mathematics, Brunel University, 1972.

2. Barnhill, R. E., J. A. Gregory and J. R. Whiteman: The extension and application of Sard kernel theorems to compute finite element error bounds. Proc. of O. N. R. Regional Symposium "Mathematical foundations of the finite element method with applications to partial differential equations", Univ. of Maryland, Baltimore County, June 1972.

3. Barnhill, R. E. and J. R. Whiteman: Error analysis of finite element methods with triangles for elliptic boundary value problems. In Whiteman (ed.), The Mathematics of Finite Elements and Applications. Acad. Press, London 1973.

4. Barnhill, R. E. and J. R. Whiteman: Singularities due to re-entrant boundaries in elliptic problems. Proc. of Symposium "Numerische Methoden bei Differentialgleichungen". Math. Forschungsinstitut, Oberwolfach, June 1972.

5. Birkhoff, G., M. H. Schultz and R.S. Varga: Piecewise Hermite interpolation in one and two variables with applications to partial differential equations. Numer. Math. 11 (1968), 232-256.

6. Bramble, J. H. and M. Zlamal: Triangular elements in the finite element method. Math. Comp. 24 (1970), 809-820.

7. Sard, A.: Linear Approximation. Mathem. Survey 9, Americ. Math. Society, Providence, R. I., 1963.

8. Smirnov, V. I.: A Course of Higher Mathematics. Vol. V. Pergamon Press, Oxford, 1964.

9. Varga, R. S.: The role of interpolation and approximation theory in variational and projectional methods for solving partial differential equations. IFIP Congr. 71 (1971), 14-19, North Holland, Amsterdam.

10. Zenisek, A.: Interpolation polynomials on the triangle. Numer. Math. 15 (1970), 283-296.

11. Zlamal, M.: On the finite element method. Numer. Math. 12 (1968), 394-409.

The research of R. E. Barnhill was supported by the National Science Foundation with Grant GP 20293 to the University of Utah, by the Science Research Council with Grant B/SR/9652 at Brunel University, and by a N. A. T. O. Senior Fellowship in Science.

SINGULARITIES DUE TO RE-ENTRANT BOUNDARIES IN ELLIPTIC PROBLEMS

by R. E. Barnhill in Salt Lake City and J. R. Whiteman in Uxbridge

1. INTRODUCTION

Accurate numerical solutions are sought for two dimensional boundary problems in which the function $u(x,y)$ satisfies

$$
\begin{aligned}
-\Delta[u(x,y)] &= g(x,y), & (x,y) &\in \Omega, \\
u(x,y) &= f(x,y), & (x,y) &\in \partial\Omega_1, \\
\frac{\partial u(x,y)}{\partial \nu} &= 0, & (x,y) &\in \partial\Omega_2,
\end{aligned}
\tag{1.1}
$$

where Δ is the Laplacian operator, $\Omega \subset E^2$ is a simply connected open bounded domain with boundary $\partial\Omega \equiv \partial\Omega_1 \cup \partial\Omega_2$; $\partial\Omega_2$ may be empty; f, g are given functions; and $\frac{\partial}{\partial \nu}$ is the derivative in the direction of the outward normal to the boundary. Let $G \equiv \Omega \cup \partial\Omega$.

Three standard approaches for obtaining numerical solutions to problems of type (1.1) are the following:

(i) finite-difference methods,

(ii) finite element methods,

(iii) continuous methods.

For any numerical solution it is desirable to have a convergence proof and an error bound, and the possibility of obtaining these influences the choice of method. Finite-difference and finite element methods are versatile general purpose methods readily applicable to many problems. In both methods the region of definition of the problem is discretized and the resulting mesh has a generic length h. However, although it may be possible to obtain proofs of convergence with decreasing h of the numerical solution U_h to the true solution, it is in general not possible to compute error bounds for numerical solutions. Thus, when the true solution of a problem is not known, little can be said about the accuracy of finite-difference and finite element approximations.

Practical techniques for computing accurate numerical approximations to model harmonic problems are those which use *continuous methods* - these are based on analytic solutions (see e. g. [19], [20], [22]) which of course are only available for a limited class of problems. For such problems continuous methods are useful for comparison purposes.

This paper is concerned mainly with finite element methods, but the other two approaches are also mentioned briefly.

2. FINITE-DIFFERENCE METHODS

Most convergence proofs and error bounds for finite-difference solutions to problems of type (1. 1) demand *a priori* knowledge of the solution u, e. g., $u \in C^4(G)$. Such smoothness conditions are often not satisfied. When $g \equiv o$ in Ω and $\partial\Omega_2$ is empty, problem (1. 1) becomes a Dirichlet problem for Laplace's equation. The fundamental paper on finite-difference solutions to this problem is by COURANT, FRIEDRICHS and LEVY [7] where it is shown that the family of discrete solutions $\{U_h\}$ converges uniformly to a harmonic function on every compact subdomain of Ω. However, near the boundary $\partial\Omega$ only L_2 convergence is established.

This approach has been extended by PETROVSKII [16] and JAMET and PARTER [11], [12] and, using the concept of a *barrier function,* they establish pointwise convergence to the boundary values under certain conditions of smoothness of the boundary $\partial\Omega$. These results plus those of GERSCHGORIN [9] and the work of BRAMBLE and HUBBARD (see e. g. [5] and the references contained therein) give convergence proofs provided u satisfies certain conditions. Typically if U_h is the finite-difference solution calculated with a mesh of length h, then

(2. 1) $$\|u-U_h\| \leq K h^k M_l ,$$

where k, l are positive integers, K is an unknown constant, and

$$M_l = max\left(\max_G \left|\frac{\partial^l u}{\partial x^l}\right|, \max_G \left|\frac{\partial^l u}{\partial y^l}\right| \right).$$

The above papers constitute considerable progress in convergence proofs for the Dirichlet problem. Comparable progress has not been made for mixed problems. GREENSPAN [10] shows that for certain mixed problems sufficient conditions for convergence are that $u \in C^3(G)$. The results of [12] have been extended by WHITEMAN and WEBB [23] to a model harmonic mixed problem containing a boundary singularity, where uniform convergence of the family of discrete solutions is proved. Finite element methods for this model problem are discussed in this paper.

3. FINITE ELEMENT METHODS

The finite element method will first be discussed in the context of the homogeneous Dirichlet problem for Poisson's equation. Thus the function $u = u(x, y)$ satisfies

(3.1)
$$\begin{aligned} -\Delta[u(x,y)] &= g(x,y), \qquad &(x,y) \in \Omega, \\ u(x,y) &= o, \qquad &(x,y) \in \partial\Omega. \end{aligned}$$

In the standard multi-index notation the norm on the Sobolev space $W_2^l(\Omega)$ is

(3.2)
$$\|u\|^2_{W_2^l(\Omega)} \equiv \sum_{|\alpha| \le l} \|D^\alpha u\|^2_{L_2(\Omega)},$$

where p is a non-negative integer, $\|u\|^2_{L_2(\Omega)} = \iint_\Omega \{u(x,y)\}^2 \, dxdy$, and the derivatives are *generalized derivatives*. $W_2^l(\Omega)$ is the completion of $C^\infty(\Omega)$ in the norm (3.2). For functions satisfying $u = o$ on $\partial\Omega$ the corresponding completion of $C_0^\infty(\Omega)$ is $\mathring{W}_2^p(\Omega)$ and its norm is

$$\|u\|^2_{\mathring{W}_2^l(\Omega)} = \sum_{|\alpha| = l} \|D^\alpha u\|^2_{L_2(\Omega)}.$$

We define the bilinear functional $a(u, v)$ to be

$$a(u,v) = \iint_\Omega (-\Delta u) v \, dxdy, \text{ for all } u, v \in \overset{\circ}{W}{}^1_2(\Omega),$$

so that

$$a(u,v) = \iint_\Omega \left(\frac{\partial u}{\partial x}\frac{\partial v}{\partial x} + \frac{\partial u}{\partial y}\frac{\partial v}{\partial y} \right) dx\,dy.$$

The function $u(x,y) \in \overset{\circ}{W}{}^1_2(\Omega)$ is the generalized solution of (3. 1) if for all $v \in \overset{\circ}{W}{}^1_2(\Omega)$

(3. 3) $$a(u,v) = \iint_\Omega g v \, dx\,dy.$$

The problem (3. 1) can be reformulated as a variational problem, where

(3. 4) $$I[v] = a(v,v) - 2\iint_\Omega g v \, dxdy$$

is the nonlinear functional to be minimized, and the relevant function space is $\overset{\circ}{W}{}^1_2(\Omega)$. The solution of the variational problem is the solution of the generalized problem (3. 3). In the finite element method we approximate u by U, where U is the function from some finite dimensional subspace of $\overset{\circ}{W}{}^1_2(\Omega)$ which minimizes $I(v)$ over the subspace. For this finite dimensional subspace we use the notation S^q, where q indicates the form of the approximation. In this paper S^q is a space of piecewise polynomials defined on subrectangles or subtriangles of a polygonal region. The general method is that the solution u of (3. 3) is interpolated by some $p \in S^q$, and a bound is found for the interpolation error $u-p$. From ZLAMAL [25] we have the following result:

(3. 5) $$\begin{aligned} \|u-U\|^2_{\overset{\circ}{W}{}^1_2(\Omega)} &= a(u-U) = I[U]-I(u) = \min_{v \in S^q} I[v]-I[u] = \min_{v \in S^q} a(v-u) \\ &\le a(u-p) = \|u-p\|^2_{\overset{\circ}{W}{}^1_2(\Omega)}. \end{aligned}$$

Thus the bound on the interpolation error is a bound on the error $u-U$. It is here that multivariate interpolation theory is used in finite element analysis.

ERROR ANALYSIS WITH RECTANGULAR AND TRIANGULAR ELEMENTS

The region Ω is here a rectangular polygon and is divided into subrectangles. The space S^q is defined on the rectangular partition and

(3.6) $$\|u-U\|_{\overset{\circ}{W}{}_2^1(\Omega)} \le \|u-p\|_{\overset{\circ}{W}{}_2^1(\Omega)} .$$

Considering only rectangular polygons and rectangular elements as above, BIRKHOFF, SCHULTZ and VARGA [4] take as spaces of interpolants $S^{2m-1,2m-1}$ which in each element have the form

(3.7) $$p_{2m-1,2m-1}(x,y) = \sum_{i=0}^{2m-1} \sum_{j=0}^{2m-1} \alpha_{ij} x^i y^j$$

and interpolate to u and certain of its derivatives at the four corners of each subtrectangle. As an example consider the space $S^{1,1}$ of bilinear trial functions, so that for (3.1)the bound is

(3.8) $$\|u-U\|_{W_2^1(\Omega)} \le M_{1,1} h,$$

where $M_{1,1}$ is an unknown constant.

If the region Ω is a general polygon and is subdivided into triangular elements, the interpolation spaces S^{μ} are of trial functions $p_{\mu}(x,y)$, $\mu=1,2,3$. Bounds for the interpolation error are again found, and with (3.4) these are used to bound the error in the finite element solution to (3.3). ZLAMAL [25] using first quadratic and then cubic trial functions shows that

(3.9) $$\|u-U\|_{\overset{\circ}{W}{}_2^1(\Omega)} \le \frac{C_i M_{3+i} h^{2+i}}{\sin \theta} ,$$

where for $i = 0, 1$ respectively $M_{3+i} = \sup\limits_{\substack{(x,y)\in\Omega \\ \text{all partials} \\ \text{of order } 3+i}} |D^{3+i} u(x,y)|$, and h is the largest side and θ the smallest angle in the triangulation. For (3.9) to be meaningful, M_3 and M_4 must of course be finite.

BRAMBLE and ZLAMAL [6] for a typical triangle T show that, if $p_1(x,y)$ interpolates $u(x,y)$, and it is assumed that $u \in W_2^2(T)$, then for $l = 0, 1$

(3.10) $$\|u-p_1\|_{W_2^l(T)} \le \frac{K_1^{(l)} h^{2-l}}{(\sin \theta)^l} \Big\{ \sum_{|i|=2} \|D^i u\|^2_{L_2(T)} \Big\}^{\frac{1}{2}} ,$$

where the $K_1^{(l)}$ are constants independent of the function u and the triangle T, and h is the length of the largest side of T.

BRAMBLE and ZLAMAL consider the weak solution u of the homogeneous boundary value problem with $2l^{th}$ order $\overset{\circ}{W}{}_2^l$-elliptic operator [6, (2.4)] with the $\overset{\circ}{W}{}_2^1$ norm in (3.4) replaced by the $\overset{\circ}{W}{}_2^l(\Omega)$ norm. The use of (3.5) and the extension of the result (3.10) for $l = 1$ to the whole region Ω with $u \in \overset{\circ}{W}{}_2^2(\Omega)$ gives

(3.11)
$$\|u-U\|_{\overset{\circ}{W}{}_2^1(\Omega)} \leq K_2 h \Big\{ \sum_{|i|=2} \|D^i u\|^2_{L_2(\Omega)} \Big\}^{\frac{1}{2}} .$$

In (3.11) the constant K_2 does not depend on u, or, when it is assumed that all the angles of all the elements are bounded away from zero, on the triangulation. The number h is the length of the largest side of the triangulation.

The calculation of the constants in finite element (and finite-difference) error bounds has always been a problem. However, BARNHILL and WHITEMAN [2] have recently used the *Sard kernel theorems* [17] to obtain sharp error bounds for the interpolation errors in triangular elements and, using these, have for certain cases found the constants in the finite element bounds [3].

4. BOUNDARY SINGULARITIES

All the preceding error bounds have involved some norm of the function u and certain of its derivatives. For the bounds to be meaningful, and in particular for them to imply convergence with decreasing mesh size of the finite-difference and finite element solutions to the solution $u(x,y)$ of the boundary value problem, it is necessary for the function and derivatives to be bounded in Ω. When the boundary $\partial\Omega$ is sufficiently smooth, this condition is satisfied. However, if the boundary contains a corner at which the internal angle $\Phi = \alpha\pi/\beta$ is such that either $\alpha/\beta < 1$ and the number β/α is non-integer, or $\alpha/\beta > 1$ in which case the corner is *re-entrant*, then u will have derivatives which are unbounded at the corner. This is illustrated by use of a local asymptotic expansion due to LEHMAN [14] of the solution u in the neighbourhood of the corner. We consider the problem (3.1). In terms of local polar co-ordinates (r,θ) with origin at the corner and zero angle along one of the arms of the corner, the asymptotic form of u, which being the solution of (3.1) has zero value on the arms of the corner, is

(4.1) $$u(r,\theta) = P(z, z^{\beta/\alpha}, z^{\beta} \log z, \bar{z}, \bar{z}^{\beta/\alpha}, \bar{z}^{\beta} \log \bar{z}),$$

where $z = re^{i\theta}$, $\bar{z} = r e^{-i\theta}$, and P is a power series in its arguments. We re-write (4.1) as

(4.2) $$u(r,\theta) = \sum_i a_i \Phi_i(r,\theta).$$

For the cases of α/β above, $u \in W_2^{[\beta/\alpha]+1} - W_2^{[\beta/\alpha]+2}$ where $[\beta/\alpha]$ is the greatest integer $\leq \beta/\alpha$. Interesting cases occur when $\Phi > \pi$ and two examples of (4.2) are

(i) $\Phi = 2\pi$,

(4.3) $$u(r,\theta) = a_1 r^{\frac{1}{2}} \sin \theta/2 + a_2 r \sin \theta + a_3 r^{\frac{3}{2}} \sin 3\theta/2 + \dots ,$$

(ii) $\Phi = 3\pi/2$,

(4.4) $$u(r,\theta) = a_1 r^{\frac{2}{3}} \sin 2\theta/3 + r^{\frac{4}{3}} [a_2 \sin 4\theta/3 + a_3(1-\cos 4\theta/3)] + r^{\frac{5}{3}} [a_4(\cos 5\theta/3 - \cos$$

In both (4.3) and (4.4) it is clear that $\partial u/\partial r$ is unbounded at $r = 0$. Thus the boundary problem contains a singularity at the corner and because of this the finite element solutions are inaccurate in the neighbourhood of this type of corner. Further the error analysis of the previous section is not applicable, as, although $u \in W_2^1(\Omega), u \notin W_2^2(\Omega)$.

In an effort to improve accuracy and to make the error bounds applicable we try to substract off at least the dominant part of the singularity in u near each corner. We consider a region with one re-entrant corner. In the neighbourhood $N(r_1) \subset G$ of the corner, where

$$N(r_1) \equiv \{(r,\theta) : 0 \leq r < r_1, \quad 0 \leq \theta \leq \Phi\},$$

for some fixed $r_1 > 0$ and $r_0 = qr_1$, $0 < q < 1$, we form the functions

(4.5) $$w_i(r,\theta) = \begin{cases} \Phi_i(r,\theta), & 0 \leq r \leq r_0, \\ g_i(r) h_i(\theta) & r_0 \leq r \leq r_1, \\ 0 & r_1 < r, \end{cases}$$

$i = 1, 2 \dots, M$, where M is discussed below and the Φ_i are as in (4.2). The

$g_i(r)$ are Hermite polynomials of degree 3 chosen so that each function $w_i(r,\theta)$ is in $W_2^2(\Omega)$ for $r \geq r_o$ i.e. $g_i(r) \in S^3[r_o \cdot r_1]$. The $h_i(\theta)$ are appropriate functions (e.g., in (4.3), $h_1(\theta) = \sin\theta/2)$ so that the w_i all satisfy the homogeneous boundary conditions on the arms of the corner. Using (4.5) we form the function

$$w = u - \sum_{i=1}^{M} c_i\, w_i(r,\theta), \tag{4.6}$$

and choose M so that w would be in $W_2^2(\Omega)$ if the c_i were known exactly. However, the c_i are constants to be found. It is the function w that is approximated throughout Ω by the finite element solution U, and clearly if the c_i were known exactly, making $w \in W_2^2(\Omega)$, the error bounds (3.8) and (3.11) would then apply.

Consider the special case of $\Phi = 2\pi$ and the expansion of $u(r,\theta)$ in (4.3). Suppose that we want w in (4.6) to be in W_2^2. Then, from (4.3), the minimal M is 1, so that only the function $w_1(r,\theta) = r^{1/2}\sin\theta/2$ need be considered. (We note in passing that $r\sin\theta = y$, and so this term is already included in polynomial trial functions of positive degree.) The functions $g_i(r)$ must be so chosen that smoothness of $U + \Sigma c_i w_i$ is not lost because of them; i.e. $w_i(r,\theta)$ considered as a function of r alone, $w_i(r)$, is such that $w_i(r) \in W_2^2[r_o-\epsilon,\ r_1+\delta]$ for all positive ϵ and δ such that $\{(r,\theta);\ 0 < r_o-\epsilon \leq r \leq r_1+\delta,\ 0 \leq \theta \leq \Phi\} \subset G$. The choice of the trial functions affects only the left hand side of (3.11), that is $\|w-U\|_{\overset{\circ}{W}{}_2^1(\Omega)}$.

In particular piecewise linear, quadratic, cubic and quartic trial functions are in W_2^1.

However, the c_i can unfortunately not be calculated exactly. This can be seen from the following implementation of the finite element procedure. The method is that of *augmentation of the trial function spaces with singular functions*, and was first suggested by FIX [8]. In each element of Ω the trial functions are taken as

$$p_1(x,y) + \sum_i c_i\, w_i(r,\theta).$$

By (4.5) these are the usual trial functions for elements in $\Omega - N(r_1)$. Extra equations are added to the linear system which when solved gives the finite element solution, and so in practice only approximations $\tilde{c}_i$ to the c_i in (4.6) are obtained from the same numerical calculation as that which gives the values of U at the nodal points. Thus although we would like $u - \sum_i c_i w_i$ to be in W_2^2, we actually have $u - \sum_i \tilde{c}_i w_i \in W_2^{[\beta/\alpha]+1} - W_2^{[\beta/\alpha]+2}$. Thus instead of having

$$\| (u - \sum_i c_i w_i) - U \|_{\overset{\circ}{W}{}_2^1} = \| w - U \|_{\overset{\circ}{W}{}_2^1} \leq K_2 h \| w \|_{\overset{\circ}{W}{}_2^2},$$

we have on the left hand side $\| u - (\sum_i \tilde{c}_i w_i + U) \|_{\overset{\circ}{W}{}_2^1}$.

Hence the error bounds again do not apply since $w = u - \sum_i \tilde{c}_i w_i$ is in the same space as u. However, in a qualitative way by calculating *good* approximations to the c_i we are able to subtract off *most* of the singularity, and hence w is *almost* in $\overset{\circ}{W}{}_2^2$. In fact the approximation $(U + \sum_i \tilde{c}_i w_i)$ is a best approximation to u in the $\overset{\circ}{W}{}_2^1$ norm; see BARNHILL and WHITEMAN [3].

Fix uses rectangular elements and augments the spaces of trial functions defined on these. We use right triangular elements with N internal nodes in Ω and demonstrate the computational advantages of doing this. Linear trial functions of the form

$$p_1(x, y) = a + bx + cy, \tag{4.7}$$

are taken in each element e, and these interpolate to the three nodal values U_i^e, U_j^e, U_k^e so that

$$\begin{bmatrix} a \\ b \\ c \end{bmatrix} = \begin{bmatrix} f_{1i} & f_{1j} & f_{1k} \\ f_{2i} & f_{2j} & f_{2k} \\ f_{3i} & f_{3j} & f_{3k} \end{bmatrix} \cdot \begin{bmatrix} U_i^e \\ U_j^e \\ U_k^e \end{bmatrix},$$

where the f_{pq}, $p, q = 1, 2, 3$, depend only on the nodal co-ordinates. Thus, if $U = p_1$,

$$\frac{\partial U}{\partial x} = f_{2i} U_i^e + f_{2j} U_j^e + f_{2k} U_k^e,$$

with $\partial U/\partial y$ dually. Substitution in $I[v]$, (3.4), with summation over all the elements followed by differentiation with respect to U_n^e, $n = 1, 2, \ldots, N$, leads to the linear system

(4.8) $$\frac{\partial I[U]}{\partial U_n} = \sum_e \iint_{T_e} F(U_i^e, U_j^e, U_k^e)dxdy - \sum_e \iint_{T_e} g(x,y)G(x,y)dxdy = 0.$$

In (4.8) the F and G are linear functions of their arguments, and we note that the first integral is just the area of the element, whilst the second can be difficult to compute. The above is explained in greater detail in [21].

When the trial function space is augmented by the addition of just one singular function so that

(4.9) $$p_1(x,y) = a + bx + cy + c_1 w_1(r,\theta),$$

in the elements for which $w_1 \not\equiv 0$ there is immediately the problem of the combination of cartesian and polar co-ordinates. Thus in these elements (4.8) will be of the form

(4.10) $$\frac{\partial I[U^e]}{\partial U_n} = \iint \{F(U_i^e, U_j^e, U_k^e, r, \theta) + H(r,\theta)\} r\, dr\, d\theta,$$

when cartesians have been changed into polar co-ordinates. The function F now involves many terms of the form $(U_i^e r^\xi \sin^\eta \theta \cos^\zeta \theta)$, and the integrations are complicated. The necessary extra equation is formed by the inclusion of an extra node in the relevant elements. Inclusion of more singular terms correspondingly makes everything more complicated. Three ways of calculating the integrals in (4.10) are: analytically, numerically and symbolically. To date we have used only the first of these.

When the elements are rectangular, bilinear trial functions of the form

(4.11) $$p_{1,1}(x,y) = a + bx + cy + dxy$$

replace (4.7). All the subsequent analysis and computation is now correspondingly altered because of the xy term. In particular, when the singular function is incorporated as in (4.9), the integrals in (4.10) now become much more complicated on account of the interaction between the xy term and the singular term.

Nothing has yet been said about the choice of r_1. In particular if we wish to consider the convergence with decreasing mesh size h of U to u, we must decide what to do about $N(r_1)$. Suppose there is a boundary singularity at the point o,

Fig. 1. If we consider a point $P = (r', \theta') \in \Omega - N(r_1)$, with $r' > r_1$ (small), from (4.6) with M singular functions it follows that at P

$$w = u - \sum_i c_i w_i = u.$$

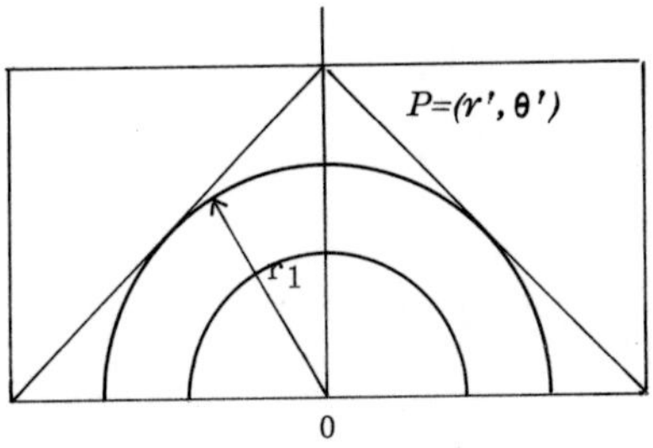

Fig. 1

Thus in fact no singular terms have been substracted off at P, so that, if $r_1 \to 0$ with h, at a fixed point of R nothing will have been substracted off and $w \notin W_2^2$. In order that w remain in W_2^2 the radius r_1 must be kept fixed so that near the singular point the w_i are not zero. As the grid size is decreased, the mesh must therefore be refined *inside* $N(r_1)$. When more terms in (4.6) are retained, w is put into a higher continuity class W_2^k, $k \geq 2$. This increasing of the smoothness of w leads to higher accuracy in $N(r_1)$, and from the manner of coupling between nodes in the calculation of the finite element solution this permeates $\Omega - N(r_1)$.

A possible scheme for the mesh refinement in $N(r_1)$ for the right triangular mesh with trial functions as in (4.9) is as follows. The original mesh is of length h and the extra nodes for both elements for which the intersection with $N(r_1)$ is non-empty are at $(0, h/2)$, Fig. 2. Thus for each of these triangles there are four nodes. In Fig. 2 r_1 has been taken as $h/\sqrt{2}$, but in fact it could be taken such that $h/2 < r_1 \leq h$. Practically we think that $r_0 \geq h/2$ is a reasonable choice. When the mesh is refined once so that the mesh length becomes $h/2$, the scheme in the region of Fig. 2 becomes as in Fig. 3 with the extra nodes as shown.

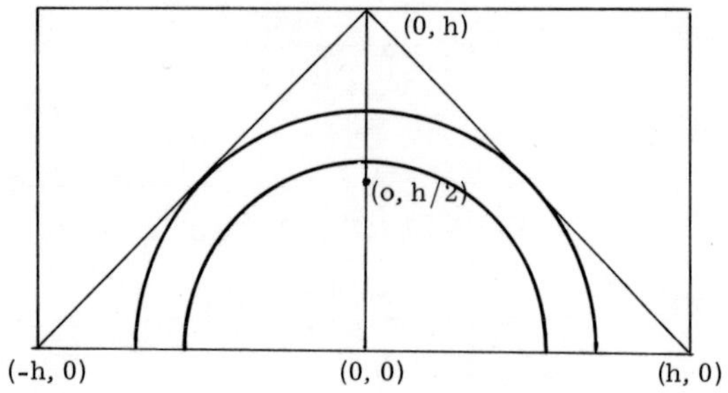

Fig. 2

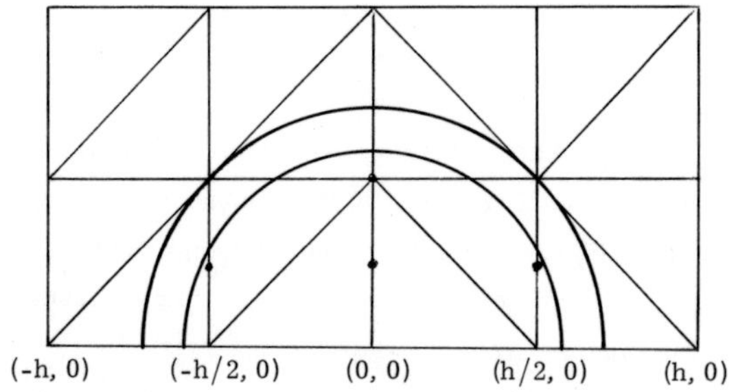

Fig. 3

These last nodes are at the mid-points of one of the short sides of each triangle. The dual situation with them all on the other short sides is equally possible.

5. MODEL PROBLEM

The above discussion has concerned only problems of type (3. 1) with homogeneous Dirichlet boundary conditions. However, the same variation functional (3. 4) is applicable to boundary problems of the type (1. 1). A much studied problem of this type (see [15] and [18-24]) is a model harmonic mixed boundary value problem in which the function $u(x,y)$ satisfies

$$\Delta[u(x,y)] = 0,$$

in the square $-\pi/2 \leq x, y \leq \pi/2$ with the slit $y = 0$, $0 \leq x \leq \pi/2$, and the boundary conditions

$$\frac{\partial u}{\partial y}(x, \pm \pi/2) = 0 \qquad -\pi/2 < x < \pi/2,$$

$$u(\pi/2, y) = \begin{cases} 1000, & 0+ \leq y \leq \pi/2, \\ 0, & -\pi/2 \leq y \leq 0-, \end{cases}$$

$$\frac{\partial u}{\partial x}(-\pi/2, y) = 0, \qquad -\pi/2 \leq y \leq \pi/2,$$

$$\frac{\partial u}{\partial y}(x, 0\pm) = 0, \qquad 0 < x < \pi/2.$$

There is thus a re-entrant angle $(\Phi = 2\pi)$ at the origin, and the asymptotic form of u near the origin is

$$u(r,\theta) = a_0 + a_1 r^{\frac{1}{2}} \cos \theta/2 + a_2 r \cos \theta + a_3 r^{\frac{3}{2}} \cos 3\theta/2 + \ldots \tag{5.1}$$

From the antisymmetry of the problem it suffices to consider only the upper region $G \equiv \{(x,y) : |x| \leq \pi/2, \; 0 \leq y \leq \pi/2\}$, and to add the boundary condition $u(x,0) = 500, \; -\pi/2 \leq x \leq 0$.

No exact solution to this model problem is known and so use is made of a continuous method of the type (iii) mentioned in Section 1. One such method is the *conformal transformation method* (CTM) given in [22]. The CTM consists of three successive conformal transformations, which, as Laplace's equation is invariant under a conformal transformation, map the original problem containing a boundary singularity into another containing no singularity, and to which the analytic solution is known. The sequence of transformations is inverse Schwarz-Christoffel, bilinear, Schwarz-Christoffel, which successively map the rectangle G onto a half plane - to a half plane - to the final rectangle. As the Schwarz-Christoffel transformations involve elliptic functions and integrals which have to be evaluated numerically, only approximations can be obtained. However, for the model problem the CTM produces an accurate (to six significant digits) approximation to the solution $u(x,y)$, [22]. This solution is shown in Fig. 4, and is taken as the standard of comparison.

WAIT and MITCHELL [18] use the Fix approach with rectangular elements and bilinear trial functions (4. 11) and augment first with one and then with two singular functions. These are respectively the terms involving a_1 and a_1, a_3 of (5. 1). They use the results of [20] for comparison and it is clear that the introduction of the singular functions does improve the finite element solution. We note that in [18] the mesh is refined outside $N(r_1)$. We have repeated this approach, but with right triangular elements and using no mesh refinement. The trial functions are linear as in (4. 7) and the first singular function from (5. 1) is included. The results are also shown in Fig. 4 together with those calculated with the standard finite element method.

The augmentation of the finite element trial function space clearly leads to solutions which are more accurate than those obtained with the standard finite element technique using the same mesh. Moreover, by using triangles rather than rectangles we have reduced the computation necessary for the inclusion of the singular terms. This last is likely to prove even more valuable for higher order problems.

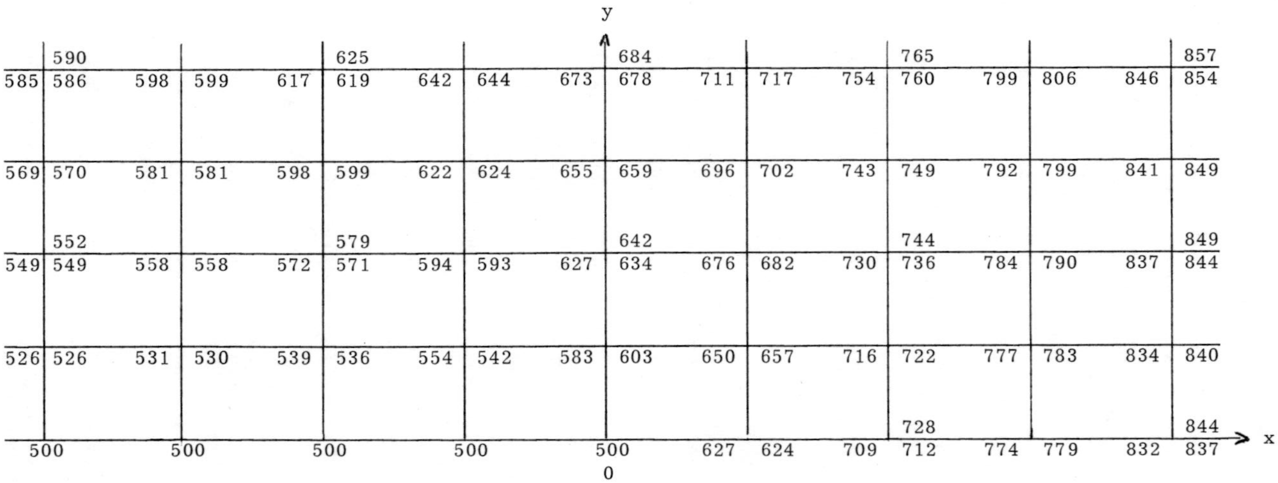

Numbers due to M. LAVENDER [13]

(subregion $-2\pi/7 \leq x \leq 2\pi/7$, $o \leq y \leq 2\pi/7$.)
Mesh length $h = \pi/14$.

At any point P the numbers have the significance: -

P	CTM [22]
F. E. Method No Singular Term	F. E. Method, $w_1(r, \theta)$ term included

Fig. 4

REFERENCES

1. Barnhill, R. E. and J. A. Gregory: Sard kernel theorems on triangular and rectangular domains with extensions and applications to finite element error bounds. Technical Report TR/11, Dep. of Math., Brunel Univ., 1972.

2. Barnhill, R. E. and J. R. Whiteman: Error analysis of finite element methods with triangles for elliptic boundary value problems. In Whiteman (ed.), The Mathematics of Finite Elements and Applications, Acad. Press, London, 1973.

3. Barnhill, R. E. and J. R. Whiteman: Computable error bounds for the finite element method for elliptic boundary value problems. Proceedings of Sympos. "Numer. Methoden bei Differentialgleichungen". Math. Forsch. Inst. Oberwolfach, June 1972.

4. Birkhoff, G., Schultz, M. H. and R. S. Varga: Piecewise Hermite interpolation in one and two variables with applications to partial differential equations. Numer. Math. 11 (1968), 232-256.

5. Bramble, J. H., Hubbard, B. E. and V. Thomée: Convergence estimates for essentially positive type discrete Dirichlet problems. Math. Comp. 23 (1969), 695-710.

6. Bramble, J. H. and M. Zlamal: Triangular elements in the finite element method. Math. Comp. 24 (1970), 809-820.

7. Courant, R., Friedrichs K. O. and H. Levy: Über die partiellen Differenzengleichungen der Mathematischen Physik. Math. Ann. 100 (1928), 37-74.

8. Fix, G.: Higher-order Rayleigh-Ritz approximations. J. Math. Mech. 18 (1969), 645-657.

9. Gerschgorin, S.: Fehlerabschätzung für das Differenzenverfahren zur Lösung partieller Differentialgleichungen. ZAMM 10 (1930), 373-382.

10. Greenspan, D.: Introductory numerical analysis of elliptic boundary value problems. Harper and Row, New York, 1965.

11. Jamet, P.: Numerical methods for singular linear boundary value problems. Doctoral Thesis, Univ. of Wisconsin, Madison, 1967.

12. Jamet, P. and S. V. Parter: Numerical methods for elliptic differential equations whose coefficients are singular on a portion of the boundary. SIAM J. Numer. Anal. 4 (1967), 131-146.

13. Lavender, M.: M. Tech. Thesis, Brunel Univ., (to appear).

14. Lehman, R. S.: Developments at an analytic corner of solutions of elliptic partial differential equations. J. Math. Mech. 8 (1959), 727-760.

15. Motz, H.: The treatment of singularities in partial differential equations by relaxation methods. Quart. Appl. Math. 4 (1946), 371-377.

16. Petrovskii, I. G.: New proof of the existence of a solution of Dirichlet's problem by the method of finite-differences. Uspehi Mat. Nauk. 8 (1941), 161-170.

17. Sard, A.: Linear Approximation. Mathematical Survey 9, Amer. Math. Soc. Providence, Rhode Island, 1963.

18. Wait, R. and A. R. Mitchell: Corner singularities in elliptic problems by finite element methods. J. Comp. Phys. 8 (1971), 45-52.

19. Whiteman, J.R.: Treatment of singularities in a harmonic mixed boundary value problem by dual series methods. Q. J. Mech. Appl. Math. 21 (1968), 41-50.

20. Whiteman, J.R.: Numerical solution of a harmonic mixed boundary value problem by the extension of a dual series method. Q. J. Mech. Appl. Math. 23, (1970), 449-455.

21. Whiteman, J.R.: An introduction to variational and finite element methods. Lecture Notes, Department of Mathematics, Brunel Univers., Febr. 1972.

22. Whiteman, J.R., N. Papamichael and Q. W. Martin: Conformal transformation methods for the numerical solution of harmonic mixed boundary value problems. Proc. Conf. Appl.of Numer. Anal., Dundee, Lecture Notes in Mathemat. No. 228, Springer-Verlag, Berlin, 1971.

23. Whiteman J.R. and J.C. Webb: Convergence of finite-difference techniques for a harmonic mixed boundary value problem. B. I. T. 10 (1970), 366-374.

24. Woods, L.C.: The relaxation treatment of singular points in Poisson's equation. Q. J. Mech. Appl. Math. 6 (1953), 163-185.

25. Zlamal, M.: On the finite element method. Numer. Math. 12 (1968), 394-409.

The research of R.E. Barnhill was supported by the National Science Foundation with Grant GP 20293 to the University of Utah, by the Science Research Council with Grant B/SR/9652 at Brunel University, and by a N.A.T.O. Senior Fellowship in Science.

ASYMPTOTISCH OPTIMALE QUADRATURVERFAHREN

von Helmut Braß in Clausthal-Zellerfeld

1. EINLEITUNG

Zur numerischen Auswertung von

$$\int_0^1 f(x)\,dx$$

verwendet man häufig Quadraturformeln mit äquidistanten Stützstellen (Q.F.), das sind lineare Funktionale der Form

$$(1) \qquad Q_n[f] = \sum_{\nu=0}^{n} a_\nu f(x_\nu)$$

$$x_\nu = \nu h \qquad h = \frac{1}{n}.$$

Eine Folge $Q_1, Q_2, \dots$ von solchen Q.F. heißt ein Quadraturverfahren (Q.V.). Wesentlich für die Beurteilung der Qualität eines solchen Verfahrens ist das Verhalten des Restes

$$R_n[f] := \int_0^1 f(x)\,dx - Q_n[f].$$

Ist eine Funktionenklasse C vorgegeben, so wird man eine Q.F. dann für gut angepaßt an C halten, wenn

$$d(Q_n, C) := \sup_{f \in C} |R_n[f]|$$

klein ist. Um entscheiden zu können, was hier "klein" bedeutet, müßte man

$$d_n(C) := \inf_{Q_n} d(Q_n, C)$$

kennen. Das Verhalten des Quotienten

$$\frac{d(Q_n, C)}{d_n(C)}$$

ist dann ein entscheidendes Qualitätsmerkmal des Verfahrens. Hat er stets den Wert 1, so heißt das Q.V. optimal in C, hat er den Grenzwert 1 (für $n \to \infty$), so heißt das Q.V. asymptotisch optimal.

Im ersten Teil dieser Arbeit (Satz 1, 2) werden asymptotisch optimale Q.V. und das asymptotische Verhalten der $d_n(C)$ für die Klassen

$$C_{s,p} := \{f \mid f^{(s-1)} \text{ totalstetig; } [\int_0^l |f^{(s)}(x)|^p \, dx]^{\frac{1}{p}} \leq 1\}$$
$$1 < p \leq \infty$$
$$s = 1, 2, \ldots$$

bestimmt. Die Integralbedingung ist im Fall $p = \infty$ zu interpretieren als $\max |f^{(s)}(x)| \leq 1$. Die meisten klassischen Abschätzungen beziehen sich auf diesen Fall. So ist etwa die Standard-Abschätzung für die (Sehnen-)-Trapez-Regel:

$$|R_n^{Tr}[f]| \leq \frac{h^2}{12} \, l \, \max |f''(x)|.$$

Aus dem unten Bewiesenen folgt als ganz spezielles, aber typisches Resultat, daß es Q.V. gibt, in denen der Faktor $\frac{h^2}{12}$ bei der Restabschätzung der Trapezregel durch $\frac{h^2}{32}(1 + O(h))$ ersetzt werden kann, und daß dieser Faktor nicht weiter verkleinert werden kann. Ein solches Q.V. ist

$$Q_n[f] = h\{\frac{13}{32}[f(x_0) + f(x_n)] + \frac{35}{32}[f(x_1) + f(x_{n-1})] + \sum_{\nu=2}^{n-2} f(x_\nu)\}.$$

Als unverbesserbare Restabschätzung ergibt sich hierfür:

$$|R_n[f]| \leq \frac{h^2}{32}[1 + \frac{533}{384n}] \, l \, \max |f''(x)|.$$

Die Klassen $C_{s,2}$ sind schon früher unter den hier zugrundeliegenden Gesichtspunkten betrachtet worden (LÖTZBEYER [6] und die dort zitierten Arbeiten von SOBOLEV), die hier benutzten elementaren Methoden führen zum Teil zu schärferen Ergebnissen. SARD [8] hat die optimalen Verfahren in diesen Klassen untersucht. Ein Vergleich mit den hier behandelten asymptotisch optimalen zeigt, daß die optimalen Verfahren ganz erheblich komplizierter sind, und dennoch der Genauigkeitsgewinn auch bei mäßig großen n nur gering ist.

Die Klassen $C_{s,1}$ (d.h. Abschätzungen durch Totalvariation von $f^{(s-1)}$) verdienen ein besonderes Interesse. Da zu ihrer Diskussion aber wesentlich andere Methoden verwendet werden müssen, werde ich sie in einer gesonderten Arbeit behandeln.

Es ist möglich, die asymptotischen Aussagen über die $d_n(C)$ zu Ungleichungen zu verschärfen; wegen des erheblichen Mehraufwandes, der dazu erforderlich ist, ist es hier nur für den wichtigsten Fall $C_{s,\infty}$ durchgeführt (Satz 3).

BABUŠKA [1] hat darauf aufmerksam gemacht, daß die Konstruktion "universal asymptotisch optimaler" Q.V. wichtig ist, das sind Q.V., die gleichzeitig in möglichst vielen Klassen asymptotisch optimal sind. LÖTZBEYER [6] hat ein Verfahren angegeben, das in allen $C_{s,2}$ $(s = 1,2,\ldots)$ asymptotisch optimal ist. Wir werden im zweiten Teil dieser Arbeit dieses Ergebnis ebenfalls erhalten. Die weitergehende Frage, ob es Q.V. gibt, die gleichzeitig in allen $C_{s,p}$ $(p > 1;\ s = 1,2,\ldots)$ asymptotisch optimal sind, muß dagegen verneint werden. Es gibt nämlich kein Verfahren, das in $C_{2,\infty}$ und $C_{3,\infty}$ asymptotisch optimal ist (Satz 5). Mit einer kleinen Abschwächung des Optimalitätsbegriffes läßt sich aber doch die Existenz von "gleichmäßig guten" Verfahren nachweisen (Satz 4).

2. ABSCHÄTZUNG DER $d_n(C)$ NACH UNTEN

Sei $\widetilde{C}_{s,p} = C_{s,p} \cap \{f \mid f \textit{ hat die Periode } 1\}$. Dann ist wegen $\widetilde{C}_{s,p} \subset C_{s,p}$ offenbar

$$d_n(C_{s,p}) \geq d_n(\widetilde{C}_{s,p}). \tag{2}$$

Die $d_n(\widetilde{C}_{s,p})$ lassen sich gut in den Griff bekommen, weil $d_n(\widetilde{C}_{s,p}) = d(Q_n^{Tr}, \widetilde{C}_{s,p})$ gilt. Das ist im Prinzip bekannt, man kann etwa den Beweis bei HÄMMERLIN [4] leicht übertragen. Es ist nur von Bedeutung, daß die betrachtete Klasse C translationsinvariant ist, d.h. daß aus $f \in C$ stets folgt $f_\alpha \in C (f_\alpha(x) = f(x+\alpha))$ für jedes α

Zur Bestimmung von $d(Q_n^{Tr}, \widetilde{C}_{s,p})$ zieht man die Euler-Maclaurinsche Summenformel heran (DAVIS, RABINOWITZ [3], S.55; die dort gemachten Stetigkeitsvoraussetzungen lassen sich in der hier erforderlichen Weise abschwächen):

$$d(Q_n^{Tr}, \tilde{C}_{s,p}) = \sup_{f \in \tilde{C}_{s,p}} \left| \int_0^1 G_s(x) f^{(s)}(x)dx \right|$$

(3) $$G_s(x)\big|_{[x_\nu, x_{\nu+1}]} = (-1)^s h^s P_s\left(\frac{x-x_\nu}{h}\right),$$

P_s *Bernoullipolynom.*

Wegen der Periodizität kann man offenbar auch schreiben

$$d(Q_n^{Tr}, \tilde{C}_{s,p}) = \sup_{f \in \tilde{C}_{s,p}} \left| \int_0^1 [G_s(x) - b(-h)^s] f^{(s)}(x)dx \right|$$

mit einer beliebigen Konstanten b. Anwendung der Hölderschen Ungleichung gibt nun

(4) $$d(Q_n^{Tr}, \tilde{C}_{s,p}) \leq \{ \int_0^1 |G_s(x)-b(-h)^s|^q dx\}^{\frac{1}{q}} = h^s l^{\frac{1}{q}} \{ \int_0^1 |P_s(x)-b|^q dx\}^{\frac{1}{q}},$$

wo q definiert ist durch $q^{-1}+p^{-1} = 1.$

b wird nun so gewählt, daß die rechte Seite möglichst klein ist. Nach einem bekannten Satz aus der Theorie der L^q-Approximation ist dieses $b = b_{s,p}$ eindeutig bestimmt und charakterisiert durch

(5) $$\int_0^1 |P_s(x)-b_{s,p}|^{q-1} \operatorname{sgn}(P_s(x)-b_{s,p})dx = 0.$$

Mit diesem Wert für b steht nun in (4) das Gleichheitszeichen, man wähle etwa ein $f \in \tilde{C}_{s,p}$ mit

$$f^{(s)}(x) = \frac{|G_s(x)-b_{s,p}(-h)^s|^{q-1} \operatorname{sgn}(G_s(x)-b_{s,p}(-h)^s)}{\{ \int_0^1 |G_s(x)-b_{s,p}(-h)^s|^q dx\}^{\frac{1}{p}}}$$

Faßt man zusammen, so folgt

SATZ 1: *Es gilt*

(6) $$d_n(\tilde{C}_{s,p}) = h^s l^{\frac{1}{q}} \{ \int_0^1 |P_s(x)-b_{s,p}|^q dx\}^{\frac{1}{q}},$$

wo $b_{s,p}$ *durch* (5) *definiert ist.*

In den wichtigsten Spezialfällen kann man die $b_{s,p}$ explizit bestimmen und das Integral in (6) ausrechnen. Im Fall $p = \infty$ erhält man leicht

$$b_{s,\infty} = \begin{cases} P_s(\frac{1}{4}) & s \equiv 0 (\mathrm{mod}\ 2) \\ 0 & s \equiv 1 (\mathrm{mod}\ 2) \end{cases}$$

und damit nach einfacher Rechnung

$$d_n(\widetilde{C}_{s,\infty}) = \begin{cases} 4h^s l \,|P_{s+1}(\frac{1}{4})| & s \equiv 0 (\mathrm{mod}\ 2) \\ h^s l (4-2^{1-s}) \,|P_{s+1}(0)| & s \equiv 1 (\mathrm{mod}\ 2). \end{cases}$$

Im Fall $p = 2$ ist offenbar stets $b_{s,2} = 0$; unter Heranziehung einfacher Eigenschaften der Bernoullipolynome ergibt sich daraus

$$d_n(\widetilde{C}_{s,2}) = h^s l^{\frac{1}{2}} \sqrt{|P_{2s}(0)|}\ ,$$

was schon länger bekannt ist (z.B. LÖTZBEYER [6] S.31).

Schließlich sei noch darauf hingewiesen, daß für ungerades s stets $b_{s,p} = 0$ ist.

3. ASYMPTOTISCHES VERHALTEN DER $d_n(C_{s,p})$

Das Hauptresultat ist

SATZ 2: *Es gilt*

$$d_n(C_{s,p}) = d_n(\widetilde{C}_{s,p})\ (1+O(n^{-1})).$$

Beweis: Wegen (2) genügt es, die Existenz eines Q.V. Q_n mit

$$d(Q_n, C_{s,p}) \le d_n(\widetilde{C}_{s,p})\ (1+O(n^{-1})) \tag{7}$$

nachzuweisen. Der Hauptschritt dabei ist der Beweis des folgenden Lemmas, den wir in den nächsten Abschnitt verschieben:

LEMMA 1: *Es gibt ein* Q.V. *der Form*

$$Q_n[f] = h\{\sum_{\nu=0}^{s-1} A_\nu (f(x_\nu) + f(x_{n-\nu})) + \sum_{\nu=s}^{n-s} f(x_\nu)\},$$

für dessen Peanokern gilt

$$K_s(x)\big|_{[x_{s-1}, x_{n-s+1}]} = G_s(x) - b_{s,p}(-h)^s.$$

Der Peanokern $K_s \equiv K_s[Q_n]$ ist bekanntlich eine Funktion, für die

(8) $$R_n[f] = \int_0^l K_s(x) f^{(s)}(x)dx$$

gilt, vgl. DAVIS, RABINOWITZ [3] S.109. Wir benötigen über die K_s nur, daß sie symmetrisch sind, wenn die Q.F. es sind; die Darstellung

(9) $$K_s(x)\big|_{[x_m, x_{m+1}]} = \frac{(-x)^s}{s!} + \frac{1}{(s-1)!}\sum_{\nu=0}^{m} a_\nu (x_\nu - x)^{s-1},$$

wenn die Q.F. (1) zugrundeliegt; und die Formel

(10) $$K_s'[Q_n](x) = -K_{s-1}[Q_n](x).$$

Für das Q.V. des Lemmas folgt aus (8)

$$d(Q_n, C_{s,p}) = \{\int_0^l |K_s(x)|^q dx\}^{\frac{1}{q}}$$

$$= \{2\int_0^{x_{s-1}} |K_s(x)|^q dx + \int_{x_{s-1}}^{x_{n-s+1}} |G_s(x) - b_{s,p}(-h)^s|^q dx\}^{\frac{1}{q}}$$

$$\leq \{2\int_0^{x_{s-1}} |K_s(x)|^q dx + \int_0^l |G_s(x) - b_{s,p}(-h)^s|^q dx\}^{\frac{1}{q}}.$$

Ein Vergleich mit Satz 1 liefert

$$d(Q_n, C_{s,p}) \leq \{2\int_0^{x_{s-1}} |K_s(x)|^q dx + [d_n(\widetilde{C}_{s,p})]^q\}^{\frac{1}{q}}$$

$$= d_n(\widetilde{C}_{s,p})\{1 + 2\,\frac{\int_0^{x_{s-1}} |K_s(x)|^q dx}{[d_n(\widetilde{C}_{s,p})]^q}\}^{\frac{1}{q}}.$$

Mit Bernoullis Ungleichung und der üblichen Integralabschätzung erhält man schließlich

$$d(Q_n, C_{s,p}) \leq d_n(\widetilde{C}_{s,p})\{1+\frac{2}{q}\;\frac{(s-1)h \max\limits_{0\leq x\leq x_{s-1}} |K_s(x)|^q}{[d_n(\widetilde{C}_{s,p})]^q}\}.$$

Hieraus liest man sofort (7) ab, wenn man nur beachtet, daß wegen (9)

$$\max_{0\leq x\leq x_{s-1}} |K_s(x)| = O(h^s)$$

gilt, und daß $d_n(\widetilde{C}_{s,p}) = const \cdot h^s$ ist.

4. GREGORY-VERFAHREN

Das Gregory-Verfahren s-ter Stufe ist gegeben durch

$$Q_n^{Greg\ s}[f] = h\sum_{\nu=0}^{n} f(x_\nu) - \sum_{\nu=0}^{s-1} L_{\nu+1} D_\nu[f]\}$$

(11) $$D_\nu[f] = \Delta^\nu f(x_{n-\nu}) + (-1)^\nu \Delta^\nu f(x_0)$$ (Δ : Differenzenoperator)

(12) $$L_\nu = (-1)^{\nu-1} \int_0^1 \binom{t}{\nu} dt.$$

Es ist für Polynome des Grades $2[\frac{s-1}{2}]+1$ exakt. Für ungerades s gilt:

(13) $$R_n^{Greg\ s}[f] = -h^{s+2}[(n-s)L_{s+1} + 2L_{s+2}]f^{(s+1)}(\xi)$$

$$0 \leq \xi \leq l,$$

man vergleiche BARRET [2] oder MARTENSEN [7].

Für uns entscheidend ist die folgende, bisher offenbar nicht bemerkte Tatsache:

LEMMA 2: *Ist* $s \geq t$, *so gilt*

$$K_t[Q_n^{Greg\ s}](x)\big|_{[x_\nu, x_{\nu+1}]} = (-1)^t h^t P_t(\frac{x-x_\nu}{h}), \qquad \nu = s-1, s, \dots, n-s.$$

Beweis: Wegen (10) genügt es, die Aussage für $t = s$ zu beweisen.

Sei s fest. Wir legen für die Gregory-Formel Q_n das Intervall $[o, n]$ zugrunde. Dann ist $h = 1$, und die Gewichte der Formel hängen gar nicht von n ab. Infolgedessen gilt

$$(14) \qquad K_s[Q_n](x)\big|_{[o,n-s+1]} = K_s[Q_m](x)\big|_{[o,n-s+1]}, \qquad m > n.$$

Aus Symmetriegründen ist $K_s[Q_{2s-1}]$ gerade oder ungerade bezüglich $x = s - \frac{1}{2}$, je nachdem s gerade oder ungerade ist. Als Spezialfall von (14) ergibt sich

$$K_s[Q_{2s-1}](x)\big|_{[s-1,s]} = K_s[Q_{2s}](x)\big|_{[s-1,s]}.$$

Beachtet man nun, daß $K_s[Q_{2s}]$ gerade bzw. ungerade bezüglich $x = s$ ist, so erkennt man aus dem Vorhergehenden, daß die Graphen von $K_s[Q_{2s}]$ auf $[s-1, s]$ und $[s, s+1]$ kongruent sind. Geht man nun zu $K_s[Q_{2s+1}]$ über, so weiß man wegen (14), daß die Graphen auf $[s-1, s]$ und $[s, s+1]$ kongruent sind, aus Symmetriegründen folgt dann, daß auch der auf $[s+1, s+2]$ zu den vorhergehenden kongruent ist. So weitergehend stellt man fest, daß $K_s[Q_n]$ $(n > 2s-1)$ auf $[s-1, n-s+1]$ aus $n-2s+2$ kongruenten Bögen besteht. Die Gleichung des Bogens auf $[m, m+1]$ sei $E_s(x-m)$. $E_s(x)$ ist ein Polynom, also für alle x definiert. Wegen (9) gilt dann offenbar

$$E_s(x-m) = E_s(x-m+1) + \frac{1}{(s-1)!}(m-x)^{s-1}, \quad m \leq x \leq m+1, \quad m = s, \ldots, n-s+1.$$

Hierzu ist äquivalent $(x-m = z)$

$$E_s(z+1) - E_s(z) = (-1)^s \frac{z^{s-1}}{(s-1)!}.$$

Eine Lösung dieser Funktionalgleichung ist bekanntlich das Bernoullipolynom $(-1)^s P_s(z)$. Da alle weiteren Lösungen sich hiervon nur um eine Funktion der Periode 1 unterscheiden können, E_s aber ein Polynom sein muß, gilt also

$$E_s(z) = (-1)^s P_s(z) + e_s,$$

wo die Konstante e_s noch zu bestimmen ist. Durch Rücktransformation auf das Intervall $[o, l]$ ergibt sich

$$K_s(x)\big|_{[x_\nu, x_{\nu+1}]} = (-1)^s h^s P_s\left(\frac{x-x_\nu}{h}\right) + e_s \cdot h^s, \quad \nu = s-1, \ldots, n-s.$$

Somit hat man

$$(15)\qquad \int_0^l K_s(x)dx = O(h^{s+1}) + \int_{x_{s-1}}^{x_{n-s+1}} K_s(x)dx$$

$$= O(h^{s+1}) + e_s(n-2s+2)h^{s+1} = O(h^{s+1}) + e_s \cdot l \cdot h^s .$$

Nun muß aber

$$\int_0^l K_s(x)dx = O(h^{s+1})$$

sein, weil für $f(x) = x^s$ $R_n[f] = O(h^{s+1})$ ist (MARTENSEN [7]), also kann (15) nur gelten, wenn $e_s = 0$ ist. Damit ist Lemma 2 bewiesen; die Beweismethode ist übrigens auch auf andere Q.V. anwendbar.

Eine leichte Folgerung ist das im nächsten Abschnitt benötigte

LEMMA 3: *Ist s ungerade, so gilt*

$$K_{s+1}[Q_n^{Greg\ s}](x)\big|_{[x_\nu, x_{\nu+1}]} = h^{s+1} P_{s+1}\left(\frac{x-x_\nu}{h}\right) - L_{s+1} h^{s+1}$$

$$\nu = s-1, \ldots, n-s.$$

Beweis: Nach Lemma 2 und (10) muß gelten

$$(16)\qquad K_{s+1}[Q_n^{Greg\ s}](x)\big|_{[x_\nu, x_{\nu+1}]} = h^{s+1} P_{s+1}\left(\frac{x-x_\nu}{h}\right) + const.$$

Aus (13) folgt sofort

$$\int_0^l K_{s+1}[Q_n^{Greg\ s}](x)dx = -h^{s+2}[(n-s)L_{s+1} + 2L_{s+2}]$$

$$= -l\, L_{s+1} h^{s+1} + O(h^{s+2}).$$

Ein Vergleich mit (16) zeigt, daß die Konstante den angegebenen Wert haben muß.

Zur Vorbereitung der weiteren Beweise stellen wir jetzt einige Tatsachen über Peanokerne von Differenzenoperatoren zusammen. Zunächst beweist man durch Anwendung von $\Delta^\varkappa$ auf die Taylorsche Formel mit Integralrestglied die Existenz einer Funktion $K_t[\Delta^\varkappa]$ für die

$$(17)\qquad \Delta^{\varkappa} f(x_o) = \int_0^l K_t[\Delta^{\varkappa}](x) f^{(t)}(x)dx, \qquad n \geq \varkappa \geq t$$

gilt. Man erhält

$$(18)\qquad K_t[\Delta^{\varkappa}](x)\big|_{[x_m, x_{m+1}]} = \sum_{\nu=m+1}^{\varkappa} (-1)^{\nu+\varkappa} \binom{\varkappa}{\nu} \frac{(x_\nu - x)^{t-1}}{(t-1)!}.$$

Wendet man (17) auf $f(x) := g(l-x)$ an und kombiniert die neue Formel mit der alten, dann erhält man die Darstellung

$$(19)\qquad D_\varkappa[f] = \int_0^l K_t[D_\varkappa](x) f^{(t)}(x)dx$$

$$(20)\qquad K_t[D_\varkappa](x) = (-1)^{\varkappa}\{K_t[\Delta^{\varkappa}](x) + (-1)^t K_t[\Delta^{\varkappa}](l-x)\}.$$

Ist $\varkappa$ ungerade, so erhält man hieraus durch eine partielle Integration

$$(21)\qquad D_\varkappa[f] = \int_0^l K_{t+1}[D_\varkappa](x) f^{(t+1)}(x)dx$$

$$(22)\qquad K_{t+1}[D_\varkappa](x) = -\int_0^x K_t[D_\varkappa](u)du.$$

Aus der bekannten Formel

$$\Delta^t f(x_o) = h^t f^{(t)}(\xi), \qquad x_o \leq \xi \leq x_t$$

folgt durch Vergleich mit (17)

$$K_t[\Delta^t](x) \geq 0$$

$$\int_0^l K_t[\Delta^t](x)dx = h^t$$

$$K_t[\Delta^t](x) = 0 \quad \text{für} \quad x \notin [x_o, x_t].$$

Somit ist wegen (22) und (20)

$$(23)\qquad K_{t+1}[D_t](x) \geq 0$$

$$(24) \qquad K_{t+1}[D_t](x)\,\big|_{[x_t,x_{n-t}]} = h^t,$$

wenn t ungerade ist.

Zum Zwecke einer späteren Anwendung sei hier noch

$$(25) \qquad \int_{x_o}^{x_t} K_{t+1}[D_t](x)dx = \frac{t}{2}h^{t+1}, \qquad t \text{ ungerade}$$

notiert, was man mit etwas Rechnung aus (21) erhält, indem man dort für f eine geeignete Funktion mit

$$f^{(t+1)}(x) = \begin{cases} 1 & x \in [x_o, x_t] \\ 0 & x \notin [x_o, x_t] \end{cases}$$

einsetzt. Jetzt ist der Beweis von Lemma 1 leicht. Da für ungerade s stets $b_{s,p} = o$ ist, ist hier Lemma 1 ein Spezialfall von Lemma 2. Ist s gerade, so liefert wegen (24) und Lemma 2 die Q.F.

$$Q_n^{Greg\ s} + b_{s,p}\, h D_{s-1}$$

den gewünschten Kern. Damit ist Lemma 1 schon bewiesen und insbesondere sind asymptotisch optimale Verfahren bestimmt.

Zum Schluß dieses Abschnittes soll noch ein weiteres später benötigtes Lemma über die Kerne von Gregory-Verfahren bewiesen werden.

LEMMA 4: *Es ist*

$$max\,|K_t[Q_n^{Greg\ s}](x)| \leq c_t 2^s h^t, \qquad s > t,$$

wo c_t *nur von* t *abhängt.*

Beweis: Nach Definition der Gregory-Verfahren gilt

$$K_t[Q_n^{Greg\ s}] = K_t[Q_n^{Greg\ t}] + h\sum_{\nu=t}^{s-1} L_{\nu+1} K_t[D_\nu].$$

Also:

$$(26) \qquad max\,|K_t[Q_n^{Greg\ s}]| \leq max\,|K_t[Q_n^{Greg\ t}]| + h\sum_{\nu=t}^{s-1} 2\, max\,|K_t[\Delta^\nu]|,$$

wobei noch von der trivialen Abschätzung $|L_\nu| \leq 1$ Gebrauch gemacht ist. Nun ist

$$\max |K_t[Q_n^{Greg\ t}]| \leq a_t h^t, \tag{27}$$

wo a_t nur von t abhängt. Das folgt aus Lemma 2 (auf $[x_t, x_{n-t}]$) und der Darstellung (9) (auf $[x_o, x_t]$) und Symmetrieüberlegungen.

Offenbar kann man $\Delta^\varkappa f(x_\nu)$ $(\nu = 1, 2, \ldots)$ in der Form (17) mit einem translatierten $K_t[\Delta^\varkappa]$ darstellen. Wegen

$$\Delta^\nu f(x_o) = (-1)^{\nu-1} \sum_{\mu=0}^{\nu-t} (-1)^\mu \binom{\nu-t}{\mu} \Delta^t f(x_\mu)$$

erhält man also

$$\max |K_t[\Delta^\nu]| \leq 2^{\nu-t} \max |K_t[\Delta^t]|,$$

woraus man mit Hilfe von (18)

$$\max |K_t[\Delta^\nu]| \leq 2^\nu h^{t-1} b_t \tag{28}$$

ableitet, hier hängt b_t nur von t ab.
(26), (27) und (28) ergeben die Behauptung.

5. ABSCHÄTZUNG DER $d_n(C_{s,\infty})$

SATZ 3: *Es gilt für* s *gerade:*

$$d_n(\widetilde{C}_{s,\infty}) \leq d_n(C_{s,\infty}) \leq d_n(\widetilde{C}_{s,\infty}) + \frac{h^{s+1}}{4};$$

und für s *ungerade:*

$$d_n(\widetilde{C}_{s,\infty}) \leq d_n(C_{s,\infty}) \leq d_n(\widetilde{C}_{s,\infty}) + e\, s(s+1) h^{s+1}.$$

Beweis: (i) Sei s gerade. Das Ziel ist

$$\int_0^l |K_s(x)|\, dx,$$

wo K_s der Peanokern des oben konstruierten asymptotisch optimalen Verfahrens ist, nach oben abzuschätzen. Auf $[x_{s-1}, x_{n-s+1}]$ ist das Verhalten von K_s bekannt und führt zum Hauptteil der obigen Ungleichung (vgl. Abschn. 3), es bleibt

$$2 \int_{x_0}^{x_{s-1}} |K_s(x)|dx$$

zu untersuchen. Das asymptotisch optimale Verfahren hatte die Form

$$Q_n^{Greg\ s} + b_{s,\infty} h D_{s-1} \equiv Q_n^{Greg(s-1)} + (b_{s,\infty} - L_s) h D_{s-1}.$$

Somit ist abzuschätzen

$$(29) \qquad 2\int_{x_0}^{x_{s-1}} |K_s[Q_n^{Greg(s-1)}](x)|dx + 2|b_{s,\infty} - L_s|h\int_{x_0}^{x_{s-1}} |K_s[D_{s-1}](x)|dx.$$

Zur Abschätzung des ersten Summanden beachtet man, das wegen (13) K_s durchwegs nichtpositiv ist, und daß nach (13) und Lemma 3 gilt

$$-2\int_{x_0}^{x_{s-1}} K_s[Q_n^{Greg(s-1)}](x)dx = -\int_{x_0}^{x_n} + \int_{x_{s-1}}^{x_{n-s+1}}$$

$$(30) \qquad = h^{s+1}[(n-s+1)L_s + 2L_{s+1}] - L_s h^{s+1}(n-2s+2)$$

$$= h^{s+1}((s-1)L_s + 2L_{s+1}).$$

Zur Abschätzung des zweiten Summanden in (29) verwendet man (25) und erhält insgesamt

$$2\int_{x_0}^{x_{s-1}} |K_s(x)|dx \leq h^{s+1}[(s-1)L_s + 2L_{s+1} + (s-1)|L_s - b_{s,\infty}|].$$

Beachtet man nun noch die leicht aus (12) herzuleitenden Ungleichungen

$$\frac{1}{8\nu(\nu-1)} \leq L_\nu \leq \frac{1}{8\nu} \qquad o < L_\nu < L_{\nu+1} \qquad \nu \geq 3$$

und die mit einer groben Abschätzung der Bernoullipolynome zu verifizierende Beziehung

$$|L_s - b_{s,\infty}| \leq L_s,$$

so folgt schließlich

$$2\int_{x_0}^{x_{s-1}} |K_s(x)|dx \leq \frac{1}{4}h^{s+1},$$

was den Satz für den Fall s gerade beweist.

(ii) Sei s ungerade. Wesentlich ist die Abschätzung von

$$2\int_{x_0}^{x_{s-1}} |K_s[Q_n^{Greg\ s}](x)|dx.$$

Wir machen hier Gebrauch von einem Satz von HILLE-SZEGÖ-TAMARKINE [5], nämlich: Ist p ein Polynom vom Grad $s+1$, so gilt

$$\int_a^b |p'(x)|dx \leq \frac{4e}{b-a}(s+1)(s+2)\int_a^b |p(x)dx.$$

Es ist ja $K_{s+1}[Q_n^{Greg\ s}]$ ein solches Polynom auf jedem der Intervalle $[x_\nu, x_{\nu+1}]$ und es ist $K'_{s+1} = -K_s$.

Also

$$2\int_{x_0}^{x_{s-1}} |K_s[Q_n^{Greg\ s}](x)|dx \leq 2\,\frac{4e}{h}(s+1)(s+2)\int_{x_0}^{x_{s-1}} |K_{s+1}[Q_n^{Greg\ s}](x)|dx.$$

Das Integral rechts kann man mit der bei Herleitung von (30) benützten Methode berechnen, man hat dort nur s durch $s+1$ zu ersetzen und die etwas anderen Grenzen zu berücksichtigen. Man erhält

$$2\int_{x_0}^{x_{s-1}} |K_s[Q_n^{Greg\ s}](x)|dx \leq 8e(s+1)(s+2)h^{s+1}[(s-2)L_{s+1}+2L_{s+2}] \leq e(s+1)(s+2)h^{s+1},$$

womit auch der zweite Teil von Satz 3 bewiesen ist.

6. FAST ASYMPTOTISCH OPTIMALE UNIVERSALVERFAHREN

SATZ 4: *Es gibt ein Q.V.* Q_n *derart, dass*

$$\overline{\lim_{n\to\infty}} \frac{d(Q_n, C_{t,p})}{d_n(C_{t,p})} \le 3 \tag{31}$$

für alle $p > 1$ *und alle* t *gleichzeitig gilt. Ein solches Verfahren ist*

$Q_n = Q_n^{Greg\ s_n}$ *mit* $s_n = [\ln \ln n]$.

Bemerkung 1: Für das übliche Romberg-Verfahren gilt (31) nicht, auch wenn man 3 durch irgendeine größere Zahl ersetzt. Das folgt aus einer Abschätzung von LÖTZBEYER [6] S. 34.

Bemerkung 2: Aus dem Beweis wird noch folgendes hervorgehen:

Betrachtet man nur die Klassen $C_{t,p}$ mit einem festen p, so kann man auch $s_n = [\alpha \log_2 n]$ mit einem $\alpha < 1-p^{-1}$ wählen. Ist insbesondere $p = 2$, so kann man 3 durch 1 ersetzen und hat LÖTZBEYERs Resultat neu bewiesen.

Beweis: Sei t fest und $s > t$. Dann ist

$$\frac{d(Q_n^{Greg\ s}, C_{t,p})}{d_n(C_{t,p})} \le \frac{d(Q_n^{Greg\ s}, C_{t,p})}{d_n(\widetilde{C}_{t,p})} = \frac{\{\int_o^l |K_t[Q_n^{Greg\ s}](x)|^q dx\}^{\frac{1}{q}}}{d_n(\widetilde{C}_{t,p})} =$$

$$= \frac{\{2\int_{x_o}^{x_s} + \int_{x_s}^{x_{n-s}}\}^{\frac{1}{q}}}{d_n(\widetilde{C}_{t,p})} \le \frac{\{2\int_{x_o}^{x_s} |K_t[Q_n^{Greg\ s}](x)|^q dx + \int_o^l |G_t(x)|^q dx\}^{\frac{1}{q}}}{d_n(\widetilde{C}_{t,p})}$$

Bei der letzten Umformung ist Lemma 2 benutzt. Man erkennt, daß es genügt, die beiden folgenden Aussagen zu beweisen

$$\frac{\{\int_o^l |G_t(x)|^q dx\}^{\frac{1}{q}}}{d_n(\widetilde{C}_{t,p})} \equiv \left\{\frac{\int_o^l |G_t(x)|^q dx}{\int_o^l |G_t(x) - b_{t,p} h^t|^q dx}\right\}^{\frac{1}{q}} \le 3 \tag{32}$$

$$\lim_{n\to\infty} \frac{\int_{x_o}^{x_s} |K_t[Q_n^{Greg\ s}](x)|^q}{\int_o^l |G_t(x)|^q dx} = o. \tag{33}$$

Was (32) angeht, so kann man sich auf den Fall t gerade beschränken, denn für ungerades t ist $b_{t,p} = o$. Nun gibt eine einfache Abschätzung des Quotienten

$$\frac{\max|G_t(x)|}{\int_o^1 |G_t(x)-b_{t,p}h^t|dx} \leq \frac{\max|G_t(x)|}{\int_o^1 |G_t(x)-b_{t,\infty}h^t|dx} = \frac{P_t(0)}{4P_{t+1}(\frac{1}{4})} < 3$$

Die letzte Abschätzung erhält man bequem mittels der Fourierreihen von P_t.

Zum Beweis von (33) beachtet man, daß der Nenner $> const \cdot h^{tq}$ ist (die Konstante hängt von t und q, aber nicht von n und s ab). Es würde somit genügen,

$$sh \frac{\max|K_t[Q_n^{Greg\, s}]|^q}{h^{tq}} \to o$$

zu beweisen. Hierzu ist nach Lemma 4 ausreichend

$$sh\, 2^{sq} \to o,$$

was bei der oben angegebenen Wahl von s_n erfüllt ist.

7. NICHTEXISTENZ ASYMPTOTISCH OPTIMALER UNIVERSALFORMELN

Es gibt kein Q.V., das gleichzeitig in allen Klassen $C_{s,p}$ asymptotisch optimal ist, denn es gibt kein Q.V., das gleichzeitig in $C_{2,\infty}$ und $C_{3,\infty}$ asymptotisch optimal ist. Diese letzte Aussage ist enthalten in

SATZ 5: *Ein in $C_{2,\infty}$ asymptotisch optimales Q.V. kann nicht für Polynome des Grades 2 exakt sein.*

Beweis: Es sei K_2 der Peanokern eines in $C_{2,\infty}$ asymptotisch optimalen Q.V. . Es soll gezeigt werden, daß dann

$$\int_o^1 K_2(x)dx \neq o \tag{34}$$

für alle genügend großen n ist. Dazu beachtet man, daß

$$K_2(x)\,|_{[x_\nu, x_{\nu+1}]} = \frac{1}{2}(x-x_\nu)^2 + a_\nu h(x-x_\nu) + b_\nu h^2$$

mit gewissen Zahlen a_ν, b_ν ist. Da die Funktion

$$F(a,b) := \int_{x_\nu}^{x_{\nu+1}} \left|\frac{1}{2}(x-x_\nu)^2 + a\,h(x-x_\nu) + b\,h^2\right| dx$$

ein einziges Minimum der Größe $\frac{h^3}{32}$ bei $a = \hat{a} = -\frac{1}{2}$, $b = \hat{b} = \frac{3}{32}$ hat, muß stets

(35) $$\bar{I}_\nu := \int_{x_\nu}^{x_{\nu+1}} |K_2(x)|\,dx \geq \frac{h^3}{32}$$

sein.

In der Menge M mögen diejenigen Indizes ν zusammengefaßt sein, für die

$$|a_\nu - \hat{a}| < \frac{1}{384} \qquad \text{und } |b_\nu - \hat{b}| < \frac{1}{384}$$

ist. Für diese ν gilt

$$I_\nu := \int_{x_\nu}^{x_{\nu+1}} K_2(x)dx = \int_{x_\nu}^{x_{\nu+1}} [\tfrac{1}{2}(x-x_\nu)^2 - \tfrac{1}{2}h(x-x_\nu) + \tfrac{3}{32}h^2 + \epsilon_\nu(x)]dx$$

$$= \frac{1}{96}h^3 + \int_{x_\nu}^{x_{\nu+1}} \epsilon_\nu(x)dx$$

mit $|\epsilon_\nu(x)| \leq \frac{1}{192}h^2$, also

(36) $$I_\nu \geq \frac{1}{192}h^3 \qquad \nu \in M.$$

Nun werde δ definiert durch

$$\inf F(a,b) = \frac{1+\delta}{32}h^3,$$

wobei das Infimum zu nehmen ist über alle (a,b) mit $|a-\hat{a}| \geq \frac{1}{384}$ oder $|b-\hat{b}| \geq \frac{1}{384}$. δ hängt aus Homogenitätsgründen nicht von n ab und ist positiv, da $(\hat{a},\hat{b})$ das einzige Minimum von $F(a,b)$ ist. Es ist also

(37) $$\bar{I}_\nu \geq \frac{1+\delta}{32}h^3 \qquad \nu \notin M.$$

Nun bedeutet die asymptotische Optimalität

$$\sum_{\nu=0}^{n-1} \bar{I}_\nu = \int_0^l |K_2(x)|\,dx = \frac{1}{32} h^2 l(1+o(1)).$$

Andererseits ist wegen (35), (37)

$$\sum_{\nu=0}^{n-1} \bar{I}_\nu = \sum_{\nu\in M} \bar{I}_\nu + \sum_{\nu\notin M} \bar{I}_\nu \geq |M|\frac{h^3}{32} + (n-|M|)\frac{1+\delta}{32}h^3 = \frac{h^2 l}{32}(1+\delta(1-\frac{|M|}{n})).$$

($|M|$ bedeutet die Mächtigkeit von M), somit ist

(38) $$|M| = n(1+o(1)).$$

Schließlich erhält man mittels (36), (35), (38):

$$\left|\int_0^l K_2(x)dx\right| = \left|\sum_{\nu=0}^{n-1} I_\nu\right| \geq \left|\sum_{\nu\in M} I_\nu\right| - \left|\sum_{\nu\notin M} I_\nu\right| \geq \left|\sum_{\nu\in M} I_\nu\right| - \left|\sum_{\nu\notin M} \bar{I}_\nu\right| =$$

$$= \left|\sum_{\nu\in M} I_\nu\right| - \left|\sum_{\nu=0}^{n-1} \bar{I}_\nu - \sum_{\nu\in M} \bar{I}_\nu\right| \geq |M|\frac{h^3}{192} - (\frac{h^2 l}{32}(1+o(1)) - |M|\frac{h^3}{32})$$

$$= \frac{h^2 l}{192} - o(h^2).$$

Damit ist (34) bewiesen.

* * *

LITERATUR

1. Babuška, I.: Über die optimale Berechnung der Fourierschen Koeffizienten. Aplikace Matematiky 11 (1966), 113-121.

2. Barret, W.: On the remainder term in numerical integration formulae. J. London Math. Soc. 27 (1952), 465-470.

3. Davis, P.J. and P. Rabinowitz: Numerical integration. Blaisdell Publ. Comp. 1967.

4. Hämmerlin, G.: Zur numerischen Integration periodischer Funktionen. Zeitschr. Ang. Math. u. Mech. 39 (1959), 80-82.

5. Hille, E., Szegö, G. and J.D. Tamarkine: Some generalizations of a theorem of A. Markoff. Duke Math. J. 3 (1937), 729-739.

6. Lötzbeyer, W.A.: Über asymptotische Eigenschaften linearer und nichtlinearer Quadraturformeln. Dissertation Karlsruhe 1971.

7. Martensen, E.: Optimale Fehlerschranken für die Quadraturformel von Gregory. Zeitschr. Angew. Math. u. Mech. 44 (1964), 159-168.

8. Sard, A.: Linear approximation. Amer. Math. Soc. 1963 (insb. chapt. 2).

ISNM 19 Birkhäuser Verlag, Basel und Stuttgart, 1974

ÜBER KLASSEN VON A-STABILEN LINEAREN MEHRSCHRITTVERFAHREN MAXIMALER ORDNUNG

von H. Brunner in Halifax

ABSTRACT

Linear k-step method $(k \geq 2)$ with constant coefficients are derived in a "natural" way by choosing as the second characteristic polynomial a Schur polynomial whose coefficients depend on a certain set of parameters. The choice of these parameters is based on a result by Marden concerning the location of the zeros of a class of rational functions. For the (practically important) case $k = 2$ it is shown that the resulting class of methods is A-stable and has order $p = 2$. The trapezoidal rule and a class of one-step methods introduced by Lininger and Willoughby turn out to be degenerate cases of this class of two-step-methods.

1. EINFÜHRUNG

Betrachtet man die Klasse aller A-stabilen linearen Mehrschrittverfahren mit konstanten Koeffizienten, so weiß man (G.DAHLQUIST [3]), daß die Fehlerordnung den Wert $p=2$ nicht überschreiten kann. Unter diesen Verfahren ist die Trapezregel optimal, das heißt, die zugehörige Fehlerkonstante besitzt den kleinsten Betrag, nämlich $1/12$ [3]. Wird aber die Trapezregel zur numerischen Integration von "stiff systems" gewöhnlicher Differentialgleichungen verwendet, so treten Komponenten auf, die oszillieren und nur sehr langsam abklingen (G.BJUREL et al [1], A.R.GOURLAY [5], B.LINDBERG [7]). A-stabile Zweischrittverfahren weisen im allgemeinen diese unerwünschte Eigenschaft nicht mehr auf (CURTISS-HIRSCHFELDER [2], W.LINIGER [8]). LINIGER hat in [8] die folgende Klasse von

Zweischrittverfahren angegeben:

$$(1.1)\qquad (3-a+b)y_{n+2} - 4(1-a)y_{n+1} + (1-3a-b)y_n = $$
$$= 2h(f_{n+2} + bf_{n+1} + af_n).$$

Es wird dort gezeigt, daß für alle Wertepaare (a, b), welche im Innern eines gewissen Dreiecks der (a, b) -Ebene (das den Ursprung enthält) liegen, A -Stabilität erreicht wird([8], p. 284). Für $a = b = o$ erhält man das schon von CURTISS und HIRSCHFELDER [2] benutzte Verfahren

$$(1.2)\qquad 3y_{n+2} - 4y_{n+1} + y_n = 2hf_{n+2}.$$

Die vorliegende Arbeit, die mehr als Randbemerkung zu bekannten Themen gedacht ist, ging im wesentlichen aus den folgenden Fragen hervor:

(i) Ist es möglich, A -stabile lineare k -Schrittverfahren $(k \geq 2)$ auf "natürliche" Weise zu konstruieren, nämlich ausgehend von einem Schur'schen Polynom als zweitem charakteristischem Polynom?

(ii) Wie gut ist das bekannte Verfahren (1.2), oder: Welches Verfahren aus der unter (i) bestimmten Klasse von Zweischrittverfahren zeigt für ein gegebenes System von "stiff equations" ein optimales Fehlerverhalten (wobei "optimal" zu definieren ist)?

In dieser Arbeit wird vor allem die Frage (i) beantwortet; einige numerische Resultate sollen dann versuchen, einige vorläufige Hinweise zur Beantwortung der zweiten Frage zu geben.

2. GRUNDLAGEN

LEMMA 1: (MARDEN [10], p. 22)

Es seien $\{m_1, \ldots, m_r\}$ beliebige positive Zahlen; ferner seien die (voneinander verschiedenen) komplexen Zahlen $\{w_1, \ldots, w_r\}$ gegeben. Dann liegen die Nullstellen der Funktion

$$F(w) := \sum_{j=1}^{r} \frac{m_j}{w-w_j}$$

in der konvexen Hülle H der Punkte $\{w_1, \ldots, w_r\}$. *Keine Nullstelle liegt auf dem Rand von H, ausgenommen im Falle von Kollinearität der Punkte* $\{w_1, \ldots, w_r\}$.

Im folgenden sei nun

$$r(w) := \sum_{\nu=0}^{k} a_\nu w^\nu \qquad (k \geq 2, \quad a_k \neq 0)$$

ein Polynom mit reellen Koeffizienten, das die nachstehenden Eigenschaften besitzt:

(i) Keine der Nullstellen $\{z_1, \ldots, z_k\}$ liegt im Äußern des Einheitskreises.

(ii) Hat $r(w)$ Nullstellen auf dem Rand des Einheitskreises, so sind diese alle einfach.

SATZ 1: *Das Polynom* $S = S(w;\ q, \alpha, r)$ *sei definiert durch*

$$S := r(w) + q(w+\alpha)r'(w) \qquad \left(' = \frac{d}{dw} \right), \tag{2.1}$$

wobei q *und* α *reell sind.*
Dann ist $S(w;\ q, \alpha, r)$ *für alle obigen* $r(w)$ *und für alle* $q > 0$, $\alpha \in (-1, 1)$ *ein Schur'sches Polynom, d.h. sämtliche Nullstellen von S liegen im Innern des Einheitskreises.*

In diesem Zusammenhang sei noch auf die Arbeit von DUFFIN [4] hingewiesen, die eine sehr gute Zusammenstellung der Eigenschaften Hurwitz' scher und Schur' scher Polynome enthält.

Beweis:

(a) Wir nehmen vorerst an, daß $z_i \neq z_j$ für alle $i \neq j$, und daß $\alpha \neq -z_j$, $j = 1, \ldots, k$. Dann gilt offenbar

$$S(w;\ q, \alpha, r) = r(w)\,(w+\alpha)\,F(w;\ q, \alpha, r),$$

mit

$$F(w;\ q, \alpha, r) := \frac{1}{w+\alpha} + \sum_{j=1}^{k} \frac{q}{w-z_j}\,.$$

Die Nullstellen von S sind folglich gegeben durch die Nullstellen von F, welche nach Lemma 1 und der Voraussetzungen über $r(w)$ für alle $q > 0$ in der konvexen Hülle der Punkte $\{\alpha;\ z_1, \ldots, z_k\}$ und für $\alpha \in (-1, 1)$ im Innern des Einheitskreises liegen.

(b) Ist $\alpha = -z_l$, für ein gegebenes l, so ist $w = -\alpha$ eine Nullstelle von S. Es ist dann

$$S/(w+\alpha) = r(w)\left[\frac{1}{w-z_l} + \sum_{j=1}^{k} \frac{q}{w-z_j}\right].$$

Die restlichen Nullstellen von S liegen wie oben wieder im Innern des Einheitskreises.

(c) Besitzt $r(w)$ eine Nullstelle z_l mit der Vielfachheit $p_l > 1$ im Innern des Einheitskreises, so ist für $\alpha \neq -z_l$ der Wert $w = z_l$ eine Nullstelle von S, und zwar mit der Vielfachheit $p_l - 1$:

$$S/(w-z)^{p_l-1} = \frac{r(w)(w+\alpha)}{(w-z_l)^{p_l-1}}\left[\frac{1}{w+\alpha} + \sum_{j=1}^{k} \frac{q}{w-z_j}\right].$$

Der Rest des Beweises ergibt sich dann wie zuvor, auch für den Fall $\alpha = -z_l$.

Ist $r(w)$ so beschaffen, daß sämtliche Nullstellen $\{z_1, \ldots, z_k\}$ im Innern des Einheitskreises liegen, so ist S für alle $q > 0$ und für $\alpha \in [-1, 1]$ ein Schur-Polynom.

3. AUFSTELLUNG DES VERFAHRENS (R, S) IM FALL $k = 2$

Unser Ziel besteht nun darin, ausgehend vom Polynom S in (2.1) ein Polynom $R(w; q, \alpha, r)$ mit dem exakten Grad k zu finden, das den folgenden Bedingungen genügt:

(i) $R(1; q, \alpha, r) = 0$ für alle in Frage kommenden Parameterwerte.

(ii) $R(w; q, \alpha, r)/(w-1)$ ist ein Schur'sches Polynom.

(iii) Das durch die Polynome R und S beschriebene Verfahren ist ein echtes k-Schrittverfahren der Ordnung $p = 2$ (siehe z.B. HENRICI [6], p. 226).

Es ist bekannt, daß diese Bedingungen Stabilität (im starken Sinne) und Konsistenz des Verfahrens (R, S) nach sich ziehen.

Im folgenden soll nur der vom praktischen Standpunkt interessante Fall $k = 2$ behandelt werden, und zwar wählen wir speziell

(3.1) $$r(w) = w^2 - \beta, \qquad \beta \in [-1,1].$$

(Die nachstehenden Resultate lassen sich ohne Schwierigkeiten auch für das allgemeine reelle quadratische Polynom

$$r(w) = (w-p_1)(w-p_2), \qquad |p_i| \leq 1,$$

herleiten, was aber hier aus Gründen der Übersichtlichkeit nicht durchgeführt werden soll).

Konstruiert man nun, ausgehend von (3.1), die Polynome $S = S(w;\ q, \alpha, \beta)$ und $R = R(w;\ q, \alpha, \beta)$ aufgrund der oben beschriebenen Ideen, so findet man

(3.2) $$S = w^2(1+2q) + 2q\alpha w - \beta$$

und

(3.3) $$R = w^2\left(\frac{3}{2} + \frac{\beta}{2} + q(3+\alpha)\right) - (2+2\beta+4q)w + \left(\frac{1}{2} + \frac{3\beta}{2} + q(1-\alpha)\right).$$

Einige erste Eigenschaften dieser Verfahren (R, S) sind im untenstehenden Satz 2 enthalten; der Beweis ist klar und soll nicht angeführt werden.

SATZ 2: *Das durch* (3.3) *und* (3.2) *definierte lineare Zweischrittverfahren besitzt für alle* $q > 0$, $\alpha \in (-1,1)$, $\beta \in [-1,1]$ *die folgenden Eigenschaften:*

(i) *R und S besitzen keinen gemeinsamen Linearfaktor.*

(ii) *Die Nullstellen von R sind* $v_1 = 1$,

$$v_2 = v_2(q,\alpha,\beta) = \frac{1+3\beta+2q(1-\alpha)}{3+\beta+2q(3+\alpha)},$$

mit $o < v_2 < 1$, *d.h. das Verfahren* (R,S) *ist stark stabil (im Sinn von* DAHLQUIST).

(iii) *Die Fehlerkonstante* ([6], p.223) *des Verfahrens* (R,S), *das die Ordnung* $p = 2$ *besitzt, ist gegeben durch*

$$C = C(q,\alpha,\beta) = \frac{-1+\beta+q(\alpha-2)}{3(1-\beta+2q(\alpha+1))}.$$

Da die obigen Resultate im allgemeinen nur für diejenigen Werte von α gültig sind, welche im offenen Intervall $(-1,1)$ liegen, sollen nun noch kurz die zu den Werten $\alpha = \pm 1$ gehörigen Verfahren untersucht werden; es ist zu erwarten, daß diese Verfahren nicht für alle $\beta \in [-1,1]$ echte Zweischrittverfahren sein werden.

SATZ 3:

(i) *Ist* $\alpha = \beta = 1$, *so besitzen die Polynome* R *und* S *für alle* $q > 0$ *einen gemeinsamen Linearfaktor, und das Verfahren reduziert sich auf die Trapezregel.*

(ii) *Ist* $\alpha = -1$, $\beta = 1$, *so degeneriert das Verfahren* (R, S) *zum Einschrittverfahren*

$$y_{n+1} - y_n = h\left(\frac{1+2q}{2(1+q)} f_{n+1} + \frac{1}{2(1+q)} f_n\right), \tag{3.4}$$

das bereits von LINIGER und WILLOUGHBY [9] *angegeben worden ist (mit* $\mu = 1/(2(1+q))$, $q > 0$*).*

Wir erwähnen noch, daß für $\alpha = \beta = 0$ und für alle $q > 0$ das Zweischrittverfahren (1.2) resultiert.

SATZ 4: *Die durch* (3.3) *und* (3.2) *beschriebenen Zweischrittverfahren* (R, S) *sind für alle* $q > 0$, $\alpha \in (-1, 1)$, $\beta \in [-1, 1]$ *A-stabil (im Sinne von* DAHLQUIST [3]*).*

Die in Satz 3 erwähnten Spezialfälle haben wir dabei ausgeschlossen; es ist bekannt, daß diese Einschrittverfahren A-stabil sind ([3], [9]).

Der Beweis von Satz 4 stützt sich auf ein Resultat, das von LINIGER ([8], p. 282) bewiesen wurde:

LEMMA 2 (LINIGER)

Ein lineares k*-Schrittverfahren der Form*

$$\sum_{\nu=0}^{k} \alpha_\nu y_{n+\nu} - h \sum_{\nu=0}^{k} \beta_\nu f_{n+\nu} = 0 \qquad (k \geq 1, \quad \alpha_k \neq 0)$$

ist A-stabil, wenn das folgende gilt:

(i) $\sigma(w) := \sum_{\nu=0}^{k} \beta_\nu w^\nu$ *ist ein Schur-Polynom,* $\beta_k \neq 0$.

(ii) $P_k(w) := \sum_{\nu=0}^{k} c_\nu T_\nu(w) \geq 0$ *für alle* $-1 \leq w \leq 1$,

wobei

$$c_0 := \sum_{\nu=0}^{k} \alpha_\nu \beta_\nu, \qquad c_j := \sum_{\nu=0}^{k-j} (\alpha_{\nu+j} \beta_\nu + \alpha_\nu \beta_{\nu+j}) \qquad (j = 1, \ldots, k).$$

Dabei bezeichnet $T_\nu(w)$ *das Tschebyscheff-Polynom (erster Art) vom Grad* ν.

In unserem Fall ergibt sich (i) aus Satz 1. Eine einfache Rechnung liefert ferner

$$P_2(w) = (1-\beta^2 + 2q(2-\alpha-\alpha\beta) + 4q^2(1-\alpha))\cdot(w-1)^2,$$

woraus die Behauptung von Satz 4 unmittelbar folgt.

4. NUMERISCHE ILLUSTRATION

Die Frage der "optimalen" Wahl (in einem zu definierenden Sinn) der Parameter (q,α,β) bezüglich eines vorgelegten Systems von "stiff equations" soll in dieser Arbeit nicht behandelt werden. Es sei lediglich die Bemerkung angefügt, daß die drei Parameter nicht voneinander unabhängig sind: Zu jedem Tripel (q,α,β) existiert in eindeutiger Weise ein Paar (α^*, β^*) derart, daß die von (q,α,β) und $(1,\alpha^*,\beta^*)$ definierten Verfahren äquivalent sind. Man sieht ohne weiteres, daß

$$\alpha^* = 3q\alpha/(1+2q), \quad \beta^* = 3\beta/(1+2q)$$

ist, und es ist offensichtlich, daß der Bereich aller möglichen Wertepaare (α^*,β^*) im Innern des Rechtecks $\{-1.5 \leq \alpha^* \leq 1.5, \quad -3 \leq \beta^* \leq 3\}$ enthalten ist.

Zur numerischen Illustration benutzen wir ein Beispiel, das auch in [1] zu Testzwecken verwendet worden ist, nämlich

$$u' = -2000\,u + 1000\,v + 1, \qquad u(0) = 0$$

$$v' = u - v, \qquad v(0) = 0.$$

Für $x \to \infty$ streben beide Komponenten der exakten Lösung gegen $1/1000$. Die Eigenwerte der zugehörigen Funktionalmatrix sind $\lambda_1 \approx -0.5$, $\lambda_2 \approx -2000.5$.

	$\|e_n\|_\infty$ für (q,α,β)		
x_n	$(0.5,\ 0,\ 1)$[1]	$(1,\ 1,\ 0)$[2]	$(1,\ 0.1,\ -0.8)$[3]
1.0	$5.694\cdot 10^{-4}$	$1.589\cdot 10^{-4}$	$2.125\cdot 10^{-4}$
1.5	$6.491\cdot 10^{-4}$	$1.389\cdot 10^{-4}$	$1.372\cdot 10^{-4}$
2.0	$5.778\cdot 10^{-4}$	$1.088\cdot 10^{-4}$	$1.060\cdot 10^{-4}$
.			
.			
.			
24.5	$4.938\cdot 10^{-9}$	$8.222\cdot 10^{-10}$	$6.573\cdot 10^{-12}$
25.0	$3.794\cdot 10^{-9}$	$6.305\cdot 10^{-10}$	$1.581\cdot 10^{-11}$

1) Verfahren (1.2) (Curtiss/Hirschfelder)

2) $11y_{n+2} - 12y_{n+1} + y_n = h(6f_{n+2} + 4f_{n+1})$

3) $21y_{n+2} - 22y_{n+1} + y_n = h(15f_{n+2} + f_{n+1} + 4f_n)$.

Die exakte Lösung hat für $x = 25$ die Komponenten

$$(u,v) = (1.00000187\cdot 10^{-3},\ 1.00000374\cdot 10^{-3}).$$

Die numerischen Rechnungen wurden mit der Schrittweite $h = 0.5$ auf der CDC 6400 der Dalhousie University ausgeführt; die benötigten Startwerte waren "exakt".

* * *

Anmerkung

Der Autor dankt dem National Research Council of Canada für die Unterstützung seiner Tätigkeit durch einen Research Grant (Grant No. A-4805).

LITERATUR

1. Bjurel, G. et al: Survey of stiff ordinary differential equations. Report NA 70.11, Royal Institute of Technology, Stockholm, 1970.
2. Curtiss, C.F. and J.O. Hirschfelder: Integration of stiff equations. Proc. Nat. Acad. Sci. USA, 38 (1952). 235-243.
3. Dahlquist, G.: A special stability problem for linear multistep methods. BIT, 3 (1963), 27-43.
4. Duffin, R.J.: Algorithms for classical stability problems. SIAM Review, 11 (1969), 196-213.
5. Gourlay, A.R.: A note on trapezoidal methods for the solution of initial value problems. Math. Comp. 24 (1970), 629-633.
6. Henrici, P.: Discrete Variable Methods in Ordinary Differential Equations. Wiley, New York, 1962.
7. Lindberg, B.: On Smoothing and extrapolation for the trapezoidal rule. BIT 11 (1971), 29-52.
8. Liniger, W.: A criterion for A-stability of linear multistep integration formulae. Computing 3 (1968), 280-285.
9. Liniger, W. and R.A. Willoughby: Efficient numerical integration methods for stiff system of differential equations. IBM Res. Report RC-1970, 1967.
10. Marden, M.: Geometry of Polynomials (2nd ed.). Amer. Mathem. Society, Providence, 1966.

ISNM 19 Birkhäuser Verlag, Basel und Stuttgart, 1974

ORDER CONDITIONS FOR GENERAL LINEAR METHODS FOR ORDINARY DIFFERENTIAL EQUATIONS

by J. C. Butcher in Auckland

We consider the solution of an autonomous system of ordinary differential equations $y'(x) = f(y(x))$ by a step-by-step method with step size h. In the general linear method, N approximations $y_1^{(n)}, y_2^{(n)}, \dots, y_N^{(n)}$ are computed during step number n $(n = 1, 2, \dots)$ by the formula

$$y_i^{(n)} = \sum_{j=1}^{N} a_{ij}\, y_j^{(n-1)} + h \sum_{j=1}^{N} b_{ij}\, f(y_j^{(n)}) + h \sum_{j=1}^{N} c_{ij}\, f(y_j^{(n-1)}), \quad (i=1,2,\dots,N)$$

where the matrices A, B, C with components a_{ij}, b_{ij}, c_{ij} characterize the method. Without loss of generality we can assume $C = 0$ and we denote the method by (A, B).

The method (A, B) is convergent if and only if it is stable (that is $\sup_{n=1,2,\dots} \|A^n\| < \infty$) and consistent (that is, $A\underset{\sim}{1} = \underset{\sim}{1}$ and there is a vector v such that $Av + B\underset{\sim}{1} = v + \underset{\sim}{1}$ where $\underset{\sim}{1}$ is the vector with every component equal to 1). In a previous paper [1], these results are proved and examples are given there to show that A, B can be chosen so that the method is Runge-Kutta, linear multistep or a method falling between these two main classes.

The present paper is concerned with a possible definition of "order" for this type of method. In seeking for this definition we first reject obvious analogues to the definitions that are customary in the cases of linear multistep and Runge-Kutta methods since these definitions would not be consistent with each other. The first would require uniform accuracy over the N approximations and the second suffers the disadvantage of not being symmetrical.

Let $r_1, r_2, \ldots, r_N$ be Runge-Kutta methods which we interpret as functions. For example, $r_1(z)$ is the result computed by r_1 for the differential equation $y'(x) = f(y(x))$ with step size h. Let $\bar{r}_1, \bar{r}_2, \ldots, \bar{r}_N$ be defined by

$$(1) \qquad \bar{r}_i(z) = \sum_{j=1}^{N} a_{ij} r_j(z) + h \sum_{j=1}^{N} b_{ij} f(\bar{r}_j(z)), \qquad i = 1, 2, \ldots, N$$

so that if $y_i^{(n-1)} = r_i(z)$ $(i = 1, 2, \ldots, N)$ then $y_i^{(n)} = \bar{r}_i(z)$ $(i = 1, 2, \ldots, N)$. Also let $\bar{z}$ be defined as $y(x+h)$ where y satisfies the differential equation with initial value $y(x) = z$.

DEFINITION: *The method (A, B) is of order k relative to $r_1, r_2, \ldots, r_N$ if for $i = 1, 2, \ldots, N$*

$$\| \bar{r}_i(z) - r_i(\bar{z}) \| = O(h^{k+1}).$$

To use a method with this property in practice with $y(x_0)$ given as initial data, we first compute $y_1^{(0)}, y_2^{(0)}, \ldots, y_N^{(0)}$ as $r_1(y(x_0)), r_2(y(x_0)), \ldots, r_N(y(x_0))$, we then carry out say m steps using (A, B) and finally we compute an approximation to $y(x_m) = y(x_0 + mh)$ as $r_1^{-1}(y_1^{(m)})$ where r_1^{-1} is the Runge-Kutta method inverse to r_1.

It can be shown, under appropriate smoothness assumptions, that if this procedure is adopted and the step size is $h = (x - x_0)/m$ for x, x_0 constant then as $m \to \infty$ the accumulated error is $O(h^k)$.

DEFINITION: *The method (A, B) is of order k if there are Runge-Kutta methods $r_1, r_2, \ldots, r_N$ such that (A, B) is of order k relative to $r_1, r_2, \ldots, r_N$.*

Since this definition is not convenient to use in practice, we will now give an algebraic counterpart to it. We make use of the relationship between a generalized class of Runge-Kutta method and the group G introduced in [2]. This group is represented by the set of real valued functions on the set T of rooted trees and corresponding to each (generalized) Runge-Kutta method is a unique member of G which, in a sense, characterizes this method. Among these methods is the method which yields the exact solution at the end of a unit step. We will call the corresponding group element p.

Let T_k denote the subset of T containing just those trees with no more than k nodes and G_k the normal subgroup of G such that if $y \in G_k$ then $y(t) = o$ for all $t \in T_k$. Let g be the group element corresponding to a certain Runge-Kutta method r (normalised to unit step size). Then the following three statements are equivalent

(i) r is of order k

(ii) $gG_k = pG_k \qquad (\in G/G_k)$

(iii) $g(t) = p(t)$ if $t \in T_k$.

A further property of the group representation that we will need to make use of is that group multiplication corresponds to composition of Runge-Kutta methods. Let $g_1, g_2, \ldots, g_N$ in G correspond to the Runge-Kutta methods $r_1, r_2, \ldots, r_N$ then $\bar{g}_1, \bar{g}_2, \ldots, \bar{g}_N$ corresponding to $\bar{r}_1, \bar{r}_2, \ldots, \bar{r}_N$ defined in (1) are given by

$$\bar{g}_i = \sum_{j=1}^{N} a_{ij}\, g_j + \sum_{j=1}^{N} b_{ij}\, \bar{g}_j', \qquad i = 1, 2, \ldots, N$$

where $g'(t) = \prod_{i=1}^{s} g(t_i)$ and $t_1, t_2, \ldots, t_s$ are the trees derived from t by omitting the root and regarding the disjoint graphs that remain as individual trees.

Hence, if $\bar{g}_i\, G_k = pg_i\, G_k$ $(i=1,2,\ldots,N)$ so that (A, B) is of order k relative to $r_1, r_2, \ldots, r_N$, then we have

$$(2) \qquad (pg_i)(t) = \sum_{j=1}^{N} a_{ij}\, g_j(t) + \sum_{j=1}^{N} b_{ij}\, (pg_j)'(t) \qquad i = 1, 2, \ldots, N$$

for all $t \in T_k$.

An equivalent restatement of (2) is

$$g_i(t) = \sum_{j=1}^{N} a_{ij} (p^{-1} g_j)(t) + \sum_{j=1}^{N} b_{ij}\, g_j'(t) \qquad i = 1, 2, \ldots, N.$$

It is a simple matter to extend these results to a method defined by three matrices A, B, C where $C \neq o$. Such a method is of order k if there exist $g_1, g_2, \ldots, g_N$ such that for all $t \in T_k$ and $i = 1, 2, \ldots, N$

$$(pg_i)(t) = \sum_{j=1}^{N} a_{ij}\, g_j(t) + \sum_{j=1}^{N} b_{ij} (pg_j)'(t) + \sum_{j=1}^{N} c_{ij}\, g_j'(t).$$

As an example of the use of the definitions in this paper we note that the classical Runge-Kutta method (A, B) where

$$A = \begin{bmatrix} 0 & 0 & 0 & 0 & 1 \\ 0 & 0 & 0 & 0 & 1 \\ 0 & 0 & 0 & 0 & 1 \\ 0 & 0 & 0 & 0 & 1 \\ 0 & 0 & 0 & 0 & 1 \end{bmatrix}, \quad B = \begin{bmatrix} 0 & 0 & 0 & 0 & 0 \\ \frac{1}{2} & 0 & 0 & 0 & 0 \\ 0 & \frac{1}{2} & 0 & 0 & 0 \\ 0 & 0 & 1 & 0 & 0 \\ \frac{1}{6} & \frac{1}{3} & \frac{1}{3} & \frac{1}{6} & 0 \end{bmatrix}$$

is of order 4. A detailed calculation shows that the same is true of the method with

$$A = \begin{bmatrix} 0 & 0 & 0 & 1 & 0 \\ 0 & 0 & 0 & 0 & 1 \\ 0 & 0 & 0 & 0 & 1 \\ 0 & 0 & 0 & 0 & 1 \\ 0 & 0 & 0 & 0 & 1 \end{bmatrix}, \quad B = \begin{bmatrix} 0 & 0 & 0 & 0 & 0 \\ \frac{1}{2} & 0 & 0 & 0 & 0 \\ 0 & \frac{1}{2} & 0 & 0 & 0 \\ \frac{1}{12} & \frac{1}{12} & \frac{5}{6} & 0 & 0 \\ \frac{1}{6} & \frac{5}{18} & \frac{7}{18} & \frac{1}{6} & 0 \end{bmatrix}$$

which requires only 3 derivative calculations per step. This is at the expense of the requirement of a special starting procedure for $y_4^{(0)}$.

As a further example, consider methods of the form

$$y_1^{(n)} = y_2^{(n-1)} + h(af(y_2^{(n-1)}) + bf(y_1^{(n-1)}))$$

$$y_2^{(n)} = y_1^{(n)} + h(cf(y_1^{(n)}) + df(y_2^{(n-1)}))$$

where a, b, c, d are real numbers. The method defined this way will be of order 3 if there are group elements g_1, g_2 such that

$$(pg_1)(t) = g_2(t) + ag_2'(t) + bg_1'(t)$$

$$(pg_2)(t) = (pg_1)(t) + c(pf_1)'(t) + dg_2'(t)$$

for all $t \in T_3$.

These conditions turn out to be equivalent to

$$a+b+c+d=1, \quad ac=\frac{2}{3}, \quad bd=\frac{1}{6}$$

and they are satisfied, for example, by $a=\frac{1}{2}, b=-\frac{1}{2}, c=\frac{4}{3}, d=-\frac{1}{3}$.

This method requires only two derivative calculations per step and can be programmed very efficiently. However, it requires both starting and finishing procedures.

This paper was prepared at the University of Dundee where the author was participating in the North British Symposium on Differential Equations. The author expresses his thanks to the Science Research Council of Great Britain which sponsored the Symposium and to the University of Dundee which made its facilities available to him.

* * *

REFERENCES

1. Butcher, J. C. : On the convergence of numerical solutions to ordinary differential equations. Math. Comp. 20 (1966), 1-10.
2. Butcher, J. C. : An algebraic theory of integration methods. Math. Comp. 26 (1972), 79-106.

RUNGE-KUTTA-VERFAHREN AUF DER BASIS VON QUADRATURFORMELN

von H. Engels in Jülich

1. AUFGABENSTELLUNG UND ÜBERBLICK

Vorgelegt sei die Anfangswertaufgabe

$$y' = f(x,y); \quad y(x_0) = y_0.$$

Diese Aufgabe soll schrittweise durch ein numerisches Verfahren angenähert gelöst werden. Schreibt man die Anfangswertaufgabe als Integralgleichung

$$y(x) = y(x_0) + \int_{x_0}^{x} f(x, y(x))dx,$$

so erhält man nach n Schritten für den nächsten Rechenschritt

$$y_{n+1} = y_n + \int_{x_n}^{x_{n+1}} f(x, y(x))dx.$$

Zur angenäherten Berechnung des Integrals kann man nun eine Quadraturformel der Newton-Cotes-Klasse

$$\int_{x_n}^{x_n+h} f(x)dx = h\sum_{i=1}^{m} A_i f(x_i) + O(h^{m+1})$$

oder

$$\int_{x_n}^{x_n+h} f(x)dx = h\sum_{i=1}^{m} B_i f(s_i) + O(h^{m+2})$$

oder der Gauss-Klasse

$$\int_{x_n}^{x_n+h} f(x)dx = h \sum_{i=1}^{m} C_i f(r_i) + O(h^{2m+1})$$

oder auch eine Formel anderer Restgliedordnung verwenden. Hierbei wurde $x_{n+1} = x_n + h$ gesetzt.

Die Anwendung einer solchen Quadraturformel auf obige Integralgleichung ergibt Ausdrücke der Gestalt

$$f(x_n + \alpha_i h, y(x_n + \alpha_i h)),$$

in denen $y(x_n + \alpha_i h)$ unbekannt ist. Zu dessen Berechnung werden die beiden folgenden Möglichkeiten herangezogen:

Taylor-Entwicklung von $y(x_n + \alpha_i h)$,

Extrapolation von $y(x_n + \alpha_i h)$ aus zurückliegenden Daten.

Die erste Möglichkeit führt auf Ableitungen von $f(x,y)$, die dann durch Differenzenquotienten in geeigneter Weise ersetzt werden müssen. Als Ergebnis erhält man bekannte und neue Runge-Kutta-Verfahren.

Um die zweite Möglichkeit nutzen zu können, muß man auf Daten des zurückliegenden Intervalles zurückgreifen und erhält dann keine echten Ein-Schritt-Verfahren mehr, sondern Zwei-Schritt-Runge-Kutta-Verfahren, für die bei praktischen Anwendungen eine Anlaufrechnung benötigt wird. Es ist zu beachten, daß die Taylor-Entwicklung und die Extrapolation so hoch getrieben werden, daß die Fehlerordnung der Quadraturformel erhalten bleibt.

Die wesentlichen Vorzüge dieser Betrachtungsweise sind:

1) Man erhält eine zwanglose Motivation für die spezielle Art des Formelaufbaus der Runge-Kutta-Verfahren, die nur auf elementare Hilfsmittel zurückgreift. (Bei Runge-Kutta-Verfahren, die zweimal dieselbe Stützstelle benutzen, wie das klassische Verfahren von Runge und Kutta, ergeben sich allerdings Schwierigkeiten).
2) Man kann unmittelbar Runge-Kutta-Verfahren von beliebiger Fehlerordnung konstruieren.
3) Man kann Runge-Kutta-Verfahren vom Fehlberg'schen Typ subsumieren.
4) Man kann zwanglos verallgemeinerte Runge-Kutta-Verfahren erzeugen, indem man die Interpolationsquadraturen, die Extrapolationsformeln und die Taylor-

schen Polynome durch entsprechend verallgemeinerte Verfahren ersetzt. Dadurch ergibt sich die Möglichkeit, sich speziellen Differentialgleichungen besser anzupassen.

2. TAYLOR-ENTWICKLUNG IN DEN UNBEKANNTEN ARGUMENTEN

Die Anwendung einer Quadraturformel auf die Integralgleichung ergibt

$$y_{n+1} = y_n + h \sum_{i=1}^{m} A_i f(x_n + \alpha_i h, y(x_n + \alpha_i h)) + O(h^r), \quad r > m.$$

Entwickelt man die Unbekannten $y(x_n + \alpha_i h)$ in eine Taylor'sche Reihe um den Punkt x_n, so folgt

$$y(x_n + \alpha_i h) = y_n + \alpha_i h y_n' + \ldots + \frac{(\alpha_i h)^{r-2}}{(r-2)!} y_n^{(r-2)} + O(h^{r-1}).$$

Die Ableitungen müssen nun einzeln oder en bloc durch Differenzenquotienten ersetzt werden, z.B.

$$y_n' + \ldots + \frac{(\alpha_i h)^{r-3}}{(r-2)!} y_n^{(r-2)} = \sum_{i=1}^{R} c_i f(x_n + \beta_i h, y_n + \gamma_i h) + O(h^{r-2}).$$

In diesem Ansatz sind die Parameter c_i, β_i, γ_i, R so zu bestimmen, daß die Restgliedordnung erreicht wird. Dabei ist man natürlich an einem möglichst kleinen Wert von R interessiert.

Beispiel: Vorgelegt sei die Radau'sche Quadraturformel

$$\int_{x_n}^{x_n+h} f(x)dx = \frac{h}{4}(f(x_n) + 3f(x_n + \frac{2h}{3})) + O(h^4).$$

Daraus folgt durch Anwendung auf die Integralgleichung:

$$y_{n+1} = y_n + \frac{h}{4}(f(x_n, y_n) + 3f(x_n + \frac{2h}{3}, y(x_n + \frac{2h}{3}))) + O(h^4).$$

Taylor-Entwicklung des unbekannten Wertes $y(x_n+\frac{2h}{3})$ ergibt

$$y(x_n+\frac{2h}{3}) = y_n+\frac{2h}{3}y_n'+\frac{2h^2}{9}y_n''+O(h^3)=y_n+\frac{2h}{3}f_n+\frac{2h^2}{9}(f_x+ff_y)_n+O(h^3),$$

wobei die abkürzende Schreibweise $y(x_n)=y_n$ und $f(x_n,y_n)=f_n$ benutzt wurde, die auch im folgenden häufiger auftaucht.

Für die Ableitung $(f_x+ff_y)_n$ wird nun der folgende Ansatz gemacht:

$$(f_x+ff_y)_n = Af_n + Bf(x_n+\alpha h,\ y_n+\beta h)+O(h).$$

Taylor-Entwicklung des letzten Terms liefert dann

$$(f_x+ff_y)_n = (A+B)f_n+\alpha hB(f_x)_n+\beta hB(f_y)_n+O(h).$$

Ein Vergleich der Koeffizienten auf beiden Seiten der Gleichung zeigt, daß für die Parameter A, B, α und β folgendes Gleichungssystem besteht:

$$\begin{aligned} A+B &= o \\ h\alpha B &= 1 \\ h\beta B &= f_n. \end{aligned}$$

Läßt man zunächst B als Parameter frei, so hat dieses System die Lösung

$$\begin{aligned} A &= -B \\ \alpha &= \frac{1}{hB} \\ \beta &= \frac{f_n}{hB}\ . \end{aligned}$$

Also ergibt sich

$$y_n'' = (f_x+ff_y)_n = -Bf_n+Bf(x_n+\frac{1}{B},\ y_n+\frac{f_n}{B})+O(h).$$

Daß hier der Rest nur $O(h)$ ist, liegt daran, daß A bzw. B den Faktor $1/h$ enthalten müssen.

Setzt man diesen Näherungsansatz für y_n'' ein, so folgt

$$y(x_n+\frac{2h}{3}) = y_n+\frac{2h}{3}f_n(1-\frac{h}{3}B)+\frac{2h^2}{9}Bf(x_n+\frac{1}{B},y_n+\frac{f_n}{B})+O(h^2).$$

Dieses Ergebnis legt nahe,

$$B = \frac{3}{h}$$

zu wählen.

Dies liefert

$$y(x_n + \frac{2h}{3}) = y_n + \frac{2h}{3} f(x_n + \frac{h}{3}, y_n + \frac{hf_n}{3}) + O(h^2).$$

Damit erhält man schließlich die Integrationsformel

$$y_{n+1} = y_n + \frac{h}{4} [f(x_n, y_n) + 3f(x_n + \frac{2h}{3}, y_n + \frac{2h}{3} f(x + \frac{h}{3}, y_n + \frac{hf_n}{3}))] + O(h^4).$$

Wählt man die bei den Runge-Kutta-Verfahren üblichen Abkürzungen

$$k_1 = hf(x_n, y_n)$$

$$k_2 = hf(x_n + \frac{h}{3}, y_n + \frac{k_1}{3})$$

$$k_3 = hf(x_n + \frac{2h}{3}, y_n + \frac{2k_2}{3}),$$

so folgt

$$y_{n+1} = y_n + \frac{1}{4}(k_1 + 3k_3) + O(h^4).$$

Dies ist ein bekanntes Runge-Kutta-Verfahren (vgl. LAPIDUS und SEINFELD [7], S. 42).

Will man auf diese Weise das klassische Runge-Kutta-Verfahren

$$k_1 = hf(x_n, y_n)$$

$$k_2 = hf(x_n + \frac{h}{2}, y_n + \frac{k_1}{2})$$

$$k_3 = hf(x_n + \frac{h}{2}, y_n + \frac{k_2}{2})$$

$$k_4 = hf(x_n + h, y_n + k_3)$$

$$y_{n+1} = y_n + \frac{1}{6}(k_1 + 2k_2 + 2k_3 + k_4) + O(h^5)$$

herleiten, so ergibt sich eine wesentliche Schwierigkeit dadurch, daß k_2 und k_3 beide an derselben Abszisse $x_n + \frac{h}{2}$ zu nehmen sind. Diese Schwierigkeit tritt natürlich überall da auf, wo in einem Runge-Kutta-Verfahren dieselbe Abszisse zwei- oder mehrfach benutzt wird.

Um klassische Runge-Kutta-Verfahren herleiten zu können, stehen zwar mit

$$\int_{x_n}^{x_n+\frac{h}{2}} f(x)dx = \frac{h}{48}\{7f(x_n)+16f(x_n+\frac{h}{2})+f(x_n+h)-3hf'(x_n+\frac{h}{2})\}+O(h^5)$$

und

$$\int_{x_n+\frac{h}{2}}^{x_n+h} f(x)dx = \frac{h}{48}\{f(x_n)+16f(x_n+\frac{h}{2})+7f(x_n+h)+3hf'(x_n+\frac{h}{2})\}+O(h^5)$$

zwei Quadraturformeln zur Verfügung, deren Summe die Simpson-Regel ist, aber die Forderung, daß jedes der beiden mit diesen Formeln gebildeten Integrationsverfahren ebenfalls von der Ordnung $O(h^5)$ ist, ist zu scharf. Diese Forderung ist hinreichend. Es genügt aber, daß die Integrationsverfahren, z.B.

$$y_{n+1/2} = y_n + \frac{1}{48}\{7k_1 + 16k_2 + k_4 - 3h^2 f'(x_n + \frac{h}{2}, y_n + k_3)\}$$

$$y_{n+1} = y_{n+1/2} + \frac{1}{48}\{k_1 + 16k_3 + 7k_4 + 3h^2 f'(x_n + \frac{h}{2}, y_n + k_2)\},$$

deren Summe das klassische Runge-Kutta-Verfahren ist, Fehler geringerer Ordnung haben, die sich beim Zusammenfügen der Formeln herausheben. Dies ist für die beiden angegebenen Verfahren der Fall. Fordert man $O(h^5)$ für jedes einzelne Verfahren, so reichen die vorhandenen k-Werte in der angegebenen und benötigten Form nicht aus, wie man an Hand der üblichen Entwicklungen (vgl. z.B. KAMKE [6], S. 96-97) unmittelbar einsieht.

3. EXTRAPOLATION DER UNBEKANNTEN FUNKTIONSWERTE

Die in der Formel

$$y_{n+1} = y_n + h\sum_{i=1}^{m} A_i f(x_n + \alpha_i h, y(x_n + \alpha_i h)) + O(h^r), \qquad r > m$$

auftretenden Terme $y(x_n+\alpha_i h)$ kann man natürlich auch durch Extrapolation aus zurückliegenden Funktions- und Ableitungswerten bis auf einen Rest der Ordnung $O(h^{r-1})$ bestimmen. Dabei bleibt dann die Fehlerordnung der Quadraturformel erhalten.

Sei z.B. $r=m+1$ oder $r=m+2$ (Fall der Newton-Cotes-Formeln). Dann genügt es, neben dem letzten Funktionswert weitere m Ableitungswerte zu nehmen, um eine Fehlerordnung $O(h^{m+1})$ der Extrapolation zu garantieren, die in beiden Fällen ausreicht.

Seien nun

$$\xi_{i,j} = \begin{cases} x_{n-1}+\alpha_{i+j}h; & j = 0(1)m-i \\ x_n+\alpha_{j-m+i}h; & j = m-i+1(1)m-1 \end{cases}; \quad i = 2(1)m+1$$

die für die extrapolatorische Berechnung von $y(x_n+\alpha_i h)$ benutzten Abszissen. Es sind dies im einzelnen die Abszissen

$$x_{n-1}+\alpha_i h;\ x_{n-1}+\alpha_{i+1}h, \ldots, x_{n-1}+\alpha_m h,\ x_n+\alpha_1 h, \ldots, x_n+\alpha_{i-1}h.$$

Bildet man damit die Elementarpolynome

$$\omega_{m,i} = \prod_{j=1}^{m} (x-\xi_{i,j}), \qquad i = 2(1)m+1,$$

und die Lagrange'schen Polynome

$$\lambda_{i,j} = \frac{\omega_{m,i}(x)}{\omega'_{m,i}(\xi_{i,j})(x-\xi_{i,j})},$$

so hat man in

$$L^*_{m,i}(f,x) = \sum_{j=0}^{m-1} \lambda_{i,j} f(\xi_{i,j})$$

zunächst ein Lagrange'sches Interpolationspolynom in den Ableitungen f. Daraus wird durch Integration das Interpolationspolynom

$$L_{m,i}(y, x_n+t) = y(x_n+\alpha_{i-1}h) + \int_{x_n+\alpha_{i-1}h}^{x_n+t} L^*_{m,i}(f,t)dt,$$

das die Funktion $y(x)$ im Punkte $x_n+\alpha_{i-1}h$ und deren Ableitung in den Punkten $\xi_{i,j}$, $j = 1(1)m$, interpoliert. Somit folgt für $y(x_n+\alpha_i h)$ die Darstellung

$$y(x_n+\alpha_i h) = L_{m,i}(y, x_n+\alpha_i h) + O(h^{m+1}).$$

Daraus ergibt sich das Runge-Kutta-Verfahren

$$k_{i-1} = hf(x_n+\alpha_i h, L_{m,i}(y, x_n+\alpha_i h)), \quad i = 2(1)m+1$$

$$y_{n+1} = y_n + \sum_{i=1}^{m} A_i k_i + O(h^{m+1}) \text{ bzw. } O(h^{m+2}).$$

Bemerkung 1: Man muß zur Bestimmung von $y(x_n+\alpha_i h)$ nicht notwendig von $y(x_n+\alpha_{i-1}h)$ ausgehen, sondern man kann auch irgendeinen anderen zurückliegenden Wert von $y(x)$, etwa $y(x_n)$, nehmen. Dies ist aber i.a. numerisch ungünstiger.

Bemerkung 2: Ist $\alpha_m \neq 1$, so wird man zweckmäßig den dann zusätzlich vorhandenen Wert y_n in die Folge der $\xi_{i,j}$ eingliedern und dafür etwa den Wert an der Stelle $x_{n-1}+\alpha_i h$ weglassen.

Bemerkung 3: Nimmt man zur Berechnung des Integrals eine Gauss'sche Quadraturformel, so reicht natürlich die o.a. Extrapolation hinsichtlich ihrer Fehlerordnung nicht aus. Man ersetzt sie dann durch ein Hermitesches Interpolationspolynom, das nicht nur einen Funktions- und m Ableitungswerte, sondern m Funktions- und m Ableitungswerte enthält.

Beispiel: Wie im vorigen Kapitel wird die Radau-Formel mit zwei Stützstellen benutzt.

Es ist also $y(x_n+\frac{2h}{3})$ zu extrapolieren.

Dafür ergibt sich im einzelnen:

$$\xi_{2,0} = x_{n-1}+\alpha_2 h = x_n - \frac{h}{3}, \quad \xi_{3,0} = x_n+\alpha_1 h = x_n$$

$$\xi_{2,1} = x_n+\alpha_1 h = x_n, \qquad \xi_{3,1} = x_n+\alpha_2 h = x_n+\frac{2h}{3}$$

$$\omega_{2,2} = (x-x_n+\frac{h}{3})(x-x_n)$$

$$\omega_{2,3} = (x-x_n)(x-x_n-\frac{2h}{3})$$

$$\lambda_{2,0} = \frac{\omega_{2,2}(x)}{\omega'_{2,2}(\xi_{2,0})(x-\xi_{2,0})} = -\frac{3}{h}(x-x_n)$$

$$\lambda_{2,1} = \frac{\omega_{2,2}(x)}{\omega'_{2,2}(\xi_{2,1})(x-\xi_{2,1})} = \frac{3}{h}(x-x_n+\frac{h}{3})$$

$$\lambda_{3,0} = \frac{\omega_{2,3}(x)}{\omega'_{2,3}(\xi_{2,1})(x-\xi_{2,1})} = -\frac{3}{2h}(x-x_n-\frac{2h}{3})$$

$$\lambda_{3,1} = \frac{\omega_{2,3}(x)}{\omega'_{2,3}(\xi_{3,1})(x-\xi_{3,1})} = \frac{3}{2h}(x-x_n)$$

$$L^*_{2,2}(f,x) = -\frac{3}{h}(x-x_n)f(x_n-\frac{h}{3},y_{n-1/3}) + \frac{3}{h}(x-x_n+\frac{h}{3})f(x_n+\frac{2h}{3},y_{n+2/3})$$

$$y(x_n+\frac{2h}{3}) \approx L_{2,2}(y,x_n+\frac{2h}{3})$$

$$= y_n + \int_{x_n}^{x_n+2h/3} L^*_{2,2}(f,x)dx$$

$$= y_n - \frac{2h}{3}f(x_n-\frac{h}{3},y_{n-1/3}) + \frac{4h}{3}f(x_n,y_n).$$

Mit den Abkürzungen

$$\bar{k}_2 = hf_{n-1/3} \quad (=\text{letzter berechneter } k_2\text{-Wert})$$

$$k_1 = hf_n$$

$$k_2 = hf(x_n+\frac{2h}{3},y_n+\frac{2}{3}(2k_1-\bar{k}_2))$$

folgt dann

$$y_{n+1} = y_n + \frac{1}{4}(k_1+3k_2) + O(h^4).$$

Dies ist ein Zwei-Schritt-Runge-Kutta-Verfahren. Man spart hierbei gegenüber dem vorigen Beispiel pro Schritt einen k-Wert, i.e. eine Auswertung der rechten Seite der Differentialgleichung.

4. VERALLGEMEINERTE RUNGE-KUTTA-VERFAHREN

Aus der bisherigen Art der Entwicklung von Runge-Kutta-Verfahren ergeben sich unmittelbar Möglichkeiten zu nichttrivialen Verallgemeinerungen.

Die bislang verwendeten Quadraturformeln sind Interpolationsquadraturformeln, d.h. sie entstehen durch Integration eines Interpolationspolynoms. Ersetzt man das Interpolationspolynom durch eine andere interpolierende Funktion, so entsteht durch deren Integration eine andere Quadraturformel , und mit dieser wiederum kann ein anderes Runge-Kutta-Verfahren aufgebaut werden. Der Aufbau dieses Runge-Kutta-Verfahrens wiederum zieht die Verwendung eines Lagrange'schen, Hermite'schen oder Taylor'schen Interpolationspolynoms nach sich, das man nun natürlich sinnvollerweise durch eine ebenso verallgemeinerte Lagrange'sche, Hermite'sche oder Taylor'sche interpolierende Funktion ersetzt.

Lagrange'sche und Hermite'sche Interpolation lassen sich, wie in ENGELS [2] und [3] angegeben, verallgemeinern. Dazu seien die Funktionen $h_i(x)$ gegeben mit den Eigenschaften $(i = 1(1)m)$:

$$h_i(x_i) = o$$

$$h_i(x_k) \neq o \quad \text{für} \quad i \neq k$$

$$h_i'(x_i) \neq o$$

$$|h_i'(x)| < \infty$$

$$h_i(x) \in C^{\infty}[a,b] \;,$$

wenn $x_i \in [a,b]$ die Stützstellen der Interpolation sind. Die Funktionen $h_i(x)$ treten an die Stelle der elementaren Faktoren $(x-x_i)$ bei der Lagrange'schen Interpolation. Ferner seien Funktionen $G_m(x)$ gegeben mit

$$G_m^{(j)}(x_i) \neq o, \quad i = 1(1)m, \quad j = o,1, \quad G_m(x) \in C^{\infty}[a,b].$$

Die Differenzierbarkeitseigenschaften werden nur für Restuntersuchungen benötigt.

Man bilde nun

$$\omega_m'(x) = G_m(x) \sum_{i=1}^{m} h_i(x)$$

und

$$\lambda_i(x) = \frac{\omega_m(x) h_i'(x_i)}{\omega_m'(x_i) h_i(x)} \;.$$

Dann ist

$$L_m(f,x) = \sum_{i=1}^{m} \lambda_i(x) f(x_i)$$

eine verallgemeinerte Lagrange'sche interpolierende Funktion von $f(x)$ und

$$H_m(f,x) = \sum_{i=1}^{m} \{[1-2\lambda_i'(x_i)\frac{h_i(x)}{h_i'(x_i)}]f(x_i) + \frac{h_i(x)}{h_i'(x_i)} f'(x_i)\}\lambda_i^2(x)$$

eine verallgemeinerte Hermite'sche interpolierende Funktion. Diese Interpolierenden und die aus ihnen durch Integration erzeugten verallgemeinerten Quadraturen treten nun an die Stelle der in den beiden vorausgehenden Abschnitten verwendeten Interpolationsformeln und Quadraturformeln.

Durch Integration der verallgemeinerten Hermite'schen Interpolierenden entstehen verallgemeinerte Gauss'sche Quadraturen, wenn man folgende Definition benutzt:

DEFINITION: *Die Quadraturformel*

$$\int_a^b W(x)f(x)dx = \sum_{i=1}^{m} (A_i f(x_i) + B_i f'(x_i)) + E_m(f),$$

mit $W(x) \geq o$ *(oder* $\leq o$*) und*

$$A_i = \int_a^b W(x)[1-2\lambda_i'(x_i)\frac{h_i(x)}{h_i'(x_i)}]\lambda_i^2(x)dx$$

$$B_i = \int_a^b W(x)\frac{h_i(x)}{h_i'(x_i)}\lambda_i^2(x)dx$$

heisst Gauss-Quadratur, wenn $B_i = o, \quad i = 1(1)m$, *gilt.*

Daraus folgt:

$A_i \geq o$ (für $W \geq o$) (vgl. ENGELS [3]). Man erhält dabei einige interessante Sonderfälle (vgl. [3]):

a) Sei $W(x) = (x-a)^{\alpha}(b-x)^{\beta}$, $\alpha, \beta > -1$, $G_m(x) \equiv 1$ und $h_i(x) = x-x_i$.

Dann erhält man die Gauss-Jacobi-Quadraturen.

b) Sei $W(x) \equiv 1$, $G_m(x) \equiv 1$ und $h_i(x) = \sin(x-x_i)$.

Dann erhält man Rechteckregeln (vgl. auch HÄMMERLIN [5]).

c) Sei $W(x) \equiv 1,\quad G_m(x) = \dfrac{1}{\prod_{i=1}^{m}(1-xx_i)^{1/2}}$ und $h_i(x) = x-x_i$.

Dann erhält man die Wilf-Quadratur (vgl. WILF [9]).

Die Konstruktion von Runge-Kutta-Verfahren mit Hilfe dieser oder anderer verallgemeinerter Quadraturen ist evident.

Man kann natürlich zur Gewinnung von Ein-Schritt-Runge-Kutta-Verfahren auch ein verallgemeinertes Taylor'sches Polynom nehmen. Dies sei an drei einfachen Beispielen ausgeführt.

Sei h die Schrittweite des Verfahrens. Dann findet man für

a) $h_i(x) = x-x_i$

$$y_{n+1} = y_n + \frac{h}{2}[f_n + f(x_n + h, y_n + hf_n)]$$

(1)

$$= y_n + \frac{1}{2}[k_1 + k_2]$$

mit

$$k_1 = hf(x_n, y_n),\quad k_2 = hf(x_n + h, y_n + k_1),$$

b) $h_i(x) = \sin(x-x_i)$

$$y_{n+1} = y_n + \frac{1-\cos h}{\sin h}[f_n + f(x_n + h, y_n + tghf_n]$$

(2)

$$= y_n + \frac{1-\cos h}{\sin h}[k_1 + k_2]$$

mit

$$k_1 = f(x_n, y_n),\quad k_2 = f(x_n + h, y_n + k_1 tgh),$$

c) $h_i = e^{(x-x_i)} - 1$

$$y_{n+1} = y_n + \frac{1}{e^h - 1}[(1+he^h - e^h)f_n + (e^h - h - 1)f(x_n + h, y_n + (e^h - 1)f_n)]$$

(3)

$$= y_n = \frac{1}{e^h - 1}[1+he^h - e^h)k_1 + (e^h - h - 1)k_2]$$

mit

$$k_1 = f(x_n, y_n), \quad k_2 = f(x_n + h, y_n + (e^h - 1)f_n).$$

Bei Anwendung auf einige konkrete Beispiele ergibt sich die folgende Tabelle 1, in der die relativen Fehler in % eingetragen sind:

Tabelle 1

A W A	Verfahren	$h = 0,02$	$h = 0,05$	$h = 0,1$	$h = 0,2$	$h = 0,5$
				$x \in [0;5]$	$x \in [0;5]$	$x \in [0;5]$
$y' = y$	(1)			0,77	4,2	13,5
$y(0) = 1$	(2)			0,3	1,0	-0,9
	(3)			0,0	0,0	0,0
		$x \in [0;0,7]$		$x \in [0;0,5]$		
$y' = \sqrt{1-y^2}$	(1)	0,0045		0,1		
$y(0) = 0$	(2)	0,0018		0,03		
	(3)	0,0068		0.16		
			$x \in [1;2]$	$x \in [1;2]$	$x \in [1;2]$	
$y' = 1 + \frac{y}{x}$	(1)		0,044	0,17	0,64	
$y(0) = 0$	(2)		0,014	0,047	0,12	
	(3)		0,0018	0,0092	0,05	
		$x \in [0;1]$	$x \in [0;2]$	$x \in [0;2]$	$x \in [0;2]$	
$y' = 2xy$	(1)	0,013	1,2	4,2	13,0	
$y(0) = 1$	(2)	0,010	1,1	3,8	11,0	
	(3)	0,011	0,88	3,1	10,0	

Das günstige Verhalten der Formeln (2) und (3) für die relativ großen Schrittweiten im Falle der Anfangswertaufgabe $y' = y;\ y(0) = 1$ ist leicht erklärbar. Entwickelt man für $f(x,y) = y$ in

$$y_{n+1} = y_n [1 + \frac{1-\cos h}{\sin h}(2 + tgh)]$$

nach Potenzen von h, so ergibt sich

$$y_{n+1} = y_n[1+h+\frac{h^2}{2}+\frac{h^3}{12}+\frac{5h^4}{24}+\frac{h^5}{120}+O(h^6)].$$

Vergleicht man dies mit der exakten Lösung

$$y_{n+1} = e^h y_n = y_n[1+h+\frac{h^2}{2}+\frac{h^3}{6}+\frac{h^4}{24}+\frac{h^5}{120}+O(h^6)],$$

so stimmen stets die ersten drei Glieder der Entwicklung überein. Man kann aber h so wählen, daß die ersten sechs Glieder übereinstimmen. Dies ist der Fall für

$$\frac{h^3}{12}+\frac{5h^4}{24}+\frac{h^5}{120}=\frac{h^3}{6}+\frac{h^4}{24}+\frac{h^5}{120}.$$

Es ergibt sich der relativ große Wert von $h = \frac{1}{2}$. Für dieses spezielle h erhöht sich also die Ordnung des Verfahrens für die spezielle Differentialgleichung von 2 auf 5.

Dies ist im klassischen Falle (1) unmöglich, denn man hat dort gerade

$$y_{n+1} = y_n[1+h+\frac{h^2}{2}].$$

Höhere Glieder der Taylor-Reihe können weder exakt noch angenähert erfaßt werden.

Im Verfahren (3) erhält man für dieselbe Anfangswertaufgabe sogar die exakte Lösung, denn für $y' = y$ folgt (man vergl. hierzu auch NICKEL und RIEDER [8])

$$y_{n+1} = y_n(1+\frac{1+he^h-e^h}{e^h-1}+\frac{e^h-h-1}{e^h-1}+e^h-h-1) = e^h y_n.$$

Man hat also mit diesen verallgemeinerten Runge-Kutta-Verfahren die Möglichkeit, sich speziellen Differentialgleichungen sehr weitgehend anpassen zu können.

5. EIN RUNGE-KUTTA-VERFAHREN VOM FEHLBERG-TYP

In [4] leitet E. FEHLBERG Runge-Kutta-Formeln mit beliebiger Fehlerordnung ab, indem er die gegebene Anfangswertaufgabe durch Subtraktion eines Stückes der Taylor-Entwicklung der Lösung in geeigneter Weise so transformiert, daß ein wesentlich verändertes Stück der Taylor-Reihe zum Abgleich mit dem Runge-Kutta-Ansatz übrigbleibt. Mit dem o.a. Verfahren kann man auch Formeln dieses Typs erzeugen.

Vorgelegt sei die Anfangswertaufgabe

$$\bar{y}(x) = \bar{y}(x_0) + \int_{x_0}^{x} \bar{f}(x,\bar{y}(x))dx$$

$$= \bar{y}(x_0) + \int_{x_0}^{x} \bar{y}'(x)dt.$$

Partielle Integration liefert

$$\bar{y}(x) = \bar{y}(x_0) + x\bar{y}'(x) - x_0\bar{y}'(x_0) - \int_{x_0}^{x} t\bar{y}''(t)dt.$$

Aus der Ausgangsgleichung folgt

$$\bar{y}'(x) = \bar{y}'(x_0) + \int_{x_0}^{x} \bar{y}''(t)dt.$$

Multiplikation mit x und Einsetzen ergibt

$$\bar{y}(x) = \bar{y}(x_0) + (x-x_0)\bar{y}'(x_0) + \int_{x_0}^{x} (x-t)\bar{y}''(t)dt.$$

Weitere partielle Integration führt schließlich auf

$$\bar{y}(x) = \sum_{\nu=0}^{m+1} \frac{(x-x_0)^{\nu}}{\nu!} \bar{y}^{(\nu)}(x_0) + \int_{x_0}^{x} \frac{(x-t)^{m+1}}{(m+1)!} \bar{y}^{(m+2)}(t)dt.$$

Ersetzt man x_0 durch x_n und x durch $x_{n+1} = x_n + h$, so folgt

$$\bar{y}_{n+1} = \sum_{\nu=0}^{m+1} \frac{h^{\nu}}{\nu!} \bar{y}_n^{(\nu)} + \int_{x_n}^{x_n+h} \frac{(x_n+h-t)^{m+1}}{(m+1)!} \bar{y}^{(m+2)}(t)dt.$$

FEHLBERG (vgl. [4]) führt nun folgende Transformation aus:

$$\bar{y}(x) - \sum_{\nu=o}^{m+1} \frac{h^\nu}{\nu!} \bar{y}_n^{(\nu)} = y(x) - y_n \quad \text{mit} \quad \bar{y}_n = y_n.$$

Dies hat zur Folge, daß gilt

$$y_n' = y_n'' = \ldots = y_n^{(m+1)} = o$$

oder

$$f_n = (f_x)_n = \ldots = \left(\frac{\partial^m f}{\partial x^m}\right)_n = o, \qquad f(x,y) = y'$$

und

$$\bar{y}^{(m+k)}(x) = y^{(m+k)}(x) \quad \text{für} \quad k > 1.$$

Dann ergibt sich

$$y_{n+1} = y_n + \int_{x_n}^{x_n+h} \frac{(x_n+h-t)^{m+1}}{(m+1)!} f^{(m+1)}(t)dt.$$

Zur angenäherten Berechnung des Integrals sind Quadraturformeln zur Gewichtsfunktion $(x_n+h-t)^{m+1}/(m+1)!$ zu nehmen (man vergleiche auch ENGELS [1]); z.B. gilt bei zwei Stützstellen, die nicht optimal bzgl. der Restgliedordnung gewählt sind (analog zu den Newton-Cotes-Formeln)

$$y_{n+1} = y_n + \frac{h^{m+2}}{(m+3)!} [2f^{(m+1)}(x_n + \frac{h}{2}, y(x_n + \frac{h}{2})) + (m+1) f^{(m+1)}(x_n+h, y(x_n+h))] + O(h^{m+4}).$$

An diesem Ansatz bleibt unbefriedigend, daß die $(m+1)$ te Ableitung von f auftritt statt f selbst.

Nun gilt aber wegen

$$y(x_n + \frac{h}{2}) = y_n + \frac{h^{m+2} f^{m+1}}{(m+2)! 2^{m+2}} + O(h^{m+3})$$

$$y(x_n + h) = y_n + \frac{h^{m+2}}{(m+2)!} f^{m+1} + O(h^{m+3}),$$

wobei $f^{m+i} = (\frac{\partial^{m+i} f}{\partial x^{m+i}})_n$ abgekürzt ist.

Daher ist

$$f(x_n + h, y(x_n + h)) = f(x_n + h, y_n + \frac{h^{m+2}}{(m+2)!} f^{m+1} + O(h^{m+3}))$$

$$= \frac{h^{m+1}}{(m+1)!} f^{m+1} + \frac{h^{m+2}}{(m+2)!} (f^{m+2} + f^{m+1} (f_y)_n) + O(h^{m+3}).$$

Völlig analog gilt

$$f(x_n + \frac{h}{2}, y(x_n + \frac{h}{2})) = \frac{h^{m+1}}{(m+1)!} \frac{f^{m+1}}{2^{m+1}} + \frac{h^{m+2}}{(m+2)! 2^{m+2}} (f^{m+2} + f^{m+1} (f_y)_n) + O(h^{m+3})$$

(vgl. FEHLBERG [4]).

Es ist aber

$$f^{(m+1)}(x_n + \frac{h}{2}, y(x_n + \frac{h}{2})) = f^{m+1} + \frac{h}{2} (f^{m+2} + f^{m+1} (f_y)_n) + O(h^2)$$

$$f^{(m+1)}(x_n + h, y(x_n + h)) = f^{m+1} + h (f^{m+2} + f^{m+1} (f_y)_n) + O(h^2).$$

Ein Vergleich der auftretenden Ableitungen zeigt, daß nach geeigneter Änderung der Gewichte in der Quadraturformel die Ableitungen $f^{(m+1)}(x, y)$ durch Funktionswerte $f(x, y)$ ersetzt werden können:

$$y_{n+1} = y_n + a f(x_n + \frac{h}{2}, y(x_n + \frac{h}{2})) + b f(x_n + h, y(x_n + h)) + O(h^{m+4}).$$

Dabei ändert sich die Restgliedordnung nicht. Ein Vergleich der entsprechenden Ableitungen zeigt, daß a und b aus dem Gleichungssystem

$$\frac{a}{2^{m+1}} + b = m+3 \qquad \frac{a}{2^{m+2}} + b = (m+2)^2$$

errechnet werden können. Man erhält

$$a = - \frac{h 2^{m+2} (m^2 + 3m + 1)}{(m+2)(m+3)} \qquad b = \frac{h(2m^2 + 7m + 5)}{(m+2)(m+3)}$$

und damit die Integrationsformel

$$y_{n+1} = y_n + \frac{h}{(m+2)(m+3)} [-2^{m+2}(m^2+3m+1)f(x_n+\frac{h}{2}, y_n(x_n+\frac{h}{2}))$$

$$+ (2m^2+7m+5)f(x_n+h, y(x_n+h))] + O(h^{m+4}).$$

Nun gilt aber, wenn man

$$k_1 = hf(x_n + \frac{h}{2}, y_n)$$

setzt,

$$k_1 = hf(x_n+\frac{h}{2}, y_n) = \frac{h^{m+2}}{(m+1)!} \frac{f^{m+1}}{2^{m+1}} + \frac{h^{m+3}}{(m+2)!} \frac{f^{m+2}}{2^{m+2}} + O(h^{m+4}).$$

In

$$k_2 = hf(x_n+\frac{h}{2}, y_n+\alpha k_1) = \frac{h^{m+2}}{(m+1)!} \frac{f^{m+1}}{2^{m+1}} + \frac{h^{m+3}}{(m+2)!} \frac{f^{m+2}}{2^{m+2}} + \frac{\alpha h^{m+3}}{(m+1)!} \frac{f^{m+1}}{2^{m+1}} (f_y)_n + O(h^{m+4})$$

und

$$k_3 = hf(x_n+h, y_n+\beta k_2) = \frac{h^{m+2}}{(m+1)!} f^{m+1} + \frac{h^{m+3}}{(m+2)!} f^{m+3} + \frac{\beta h^{m+3}}{(m+1)!} \frac{f^{m+1}}{2^{m+1}} (f_y)_n + O(h^{m+4})$$

kann man α und β so wählen, daß Übereinstimmung der Entwicklungen besteht. Wie man unmittelbar einsieht, ist

$$\alpha = \frac{1}{2(m+1)} \quad \text{und} \quad \beta = \frac{2^{m+1}}{m+2} .$$

Man hat damit in

$$k_1 = hf(x_n + \frac{h}{2}, y_n)$$

$$k_2 = hf(x_n + \frac{h}{2}, y_n + \frac{k_1}{2(m+1)})$$

$$k_3 = hf(x_n + h, y_n + \frac{2^{m+1}}{m+2} k_2)$$

$$y_{n+1} = y_n + \frac{1}{(m+2)(m+3)} [-2^{m+2}(m^2+3m+1)k_2 + (2m^2+7m+5)k_3]$$

ein Runge-Kutta-Verfahren vom Fehlberg'schen Typ.

Es besteht hier eine Fülle von Möglichkeiten, die Abkürzungen k_i explizit auszuführen. Ein allgemeinerer Ansatz ist z.B.

$$k_1 = hf(x_n + \delta h, y_n)$$

$$k_2 = hf(x_n + \frac{h}{2}, y_n + \alpha k_1)$$

$$k_3 = hf(x_n + h, y_n + \beta k_1 + \gamma k_2).$$

Dabei muß gelten

$$\alpha\delta^{m+1} = \frac{1}{(m+2)2^{m+2}}$$

$$\beta\delta^{m+1} + \frac{\gamma}{2^{m+1}} = \frac{1}{m+2} .$$

Läßt man δ und γ als Parameter frei, so folgt

$$k_1 = hf(x_n + \delta h, y_n)$$

$$k_2 = hf(x_n + \frac{h}{2}, y_n + \frac{k_1}{2(m+2)(2\delta)^{m+1}})$$

$$k_3 = hf(x_n + h, y_n + [\frac{1}{(m+2)\delta^{m+1}} - \frac{\gamma}{(2\delta)^{m+1}}]k_1 + \gamma k_2).$$

Der soeben an einem Beispiel dargelegte Sachverhalt läßt sich allgemeiner fassen:

Sei mit

$$\int_{x_n}^{x_n+h} \frac{(x_n+h-t)^{m+1}}{(m+1)!} f^{(m+1)}(t)dt = \sum_{i=1}^{k} A_i f^{(m+1)}(x_n + \alpha_i h) + O(h^{m+k})$$

eine geeignete Quadraturformel vorgelegt. Dann gelten alle obigen Überlegungen für jeden Term $f^{(m+1)}(x_n + \alpha_i h)$ und $f(x_n + \alpha_i h)$ völlig analog. Die Entwicklungen müssen aber jetzt bis auf Glieder der Ordnung $O(h^{m+k-1})$ ausgeführt werden.

Für die Gewichte B_i in

$$\int_{x_n}^{x_n+h} \frac{(x_n+h-t)^{m+1}}{(m+1)!} f^{(m+1)}(t)dt = \sum_{i=1}^{k} B_i f(x_n+\alpha_i h) + O(h^{m+k})$$

ist dann ein System von k Gleichungen zu lösen. Für die Wahl der k_i ergibt sich stets eine Fülle von Möglichkeiten.

Damit ist dargelegt, daß die Quadraturformel-Methode auch im Falle der Runge-Kutta-Formeln vom Fehlberg'schen Typ im Prinzip - wenn auch nicht unmittelbar - zum Ziele führt.

* * *

LITERATUR

1. Engels, H.: Über einige Hermite'sche Quadraturverfahren. Angew. Inform., H. 11 (1971), 529-533.
2. Engels, H.: Über einige allgemeine lineare Interpolationsoperatoren und ihre Anwendung auf Quadratur und Richardson-Extrapolation. Ber. d. KFA Jülich: Jül-831-MA (1972), 99 S.
3. Engels, H.: Über allgemeine Gauss'sche Quadraturen. Computing 10 (1972), 83-95.
4. Fehlberg, E.: New high-order Runge-Kutta formulas with arbitrarily small truncation error. ZAMM 46 (1966), 1-16.
5. Hämmerlin, G.: Zur numerischen Integration periodischer Funktionen. ZAMM 39 (1959) 80-82.
6. Kamke, E.: Differentialgleichungen I. Akad. Verlagsges. Geest u. Portig, 4. Aufl., Leipzig 1962.
7. Lapidus, L. and J.H. Seinfeld: Numerical solution of ordinary differential equations. Acad. Press, New York, London 1971.
8. Nickel, K. und P. Rieder: Ein neues Runge-Kutta-ähnliches Verfahren. Numer. Math., Differentialgln., Approx.-Theorie, Oberwolfach, Juni u. Nov. 1966, Birkhäuser-Verlag ISNM 9 (1968), 83-96.
9. Wilf, H.S.: Exactness conditions in numerical quadrature. Numer. Math. 6 (1964), 315-319.

FEHLERABSCHÄTZUNGEN ZUM GALERKIN-VERFAHREN

von P. Forster in Hannover

Es werden Fehlerabschätzungen zum Galerkin-Verfahren für nichtlineare Probleme der Form

$$(1) \qquad Lu(x) + Q(x, u(x)) = o, \qquad U_\mu u = \sum_{k=o}^{2m-1} (\alpha_{\mu k} u^{(k)}(o) + \beta_{\mu k} u^{(k)}(1)) = o \qquad (\mu = 1, \dots, 2m)$$

ähnlich wie in [6] hergeleitet. Dabei sei

$$(2) \qquad Lu(x) = \sum_{j=o}^{m} (-1)^j [p_j(x) u^{(j)}(x)]^{(j)},$$

$$p_j \in C^j[o,1], \; p_m > o \quad \text{auf } [o,1].$$

Im folgenden sei für $k = 1, 2, \dots$ $W^{k,2}[o,1]$ der Sobolewsche Raum aller Funktionen $u \in C^{k-1}[o,1]$, deren $(k-1)$-te Ableitung absolut stetig ist, während $u^{(k)} \in L^2[o,1]$ gilt. Mit $(.,.)_k$ werde das innere Produkt

$$(3) \qquad (u, v)_k = \sum_{j=o}^{k} \int_o^1 u^{(j)}(x) v^{(j)}(x) dx$$

in $W^{k,2}[o,1]$ bezeichnet, $\|.\|_k$ sei die daraus abgeleitete Norm. $(.,.)$ bezeichne das innere Produkt des $L^2[o,1]$, $\|.\|$ die entsprechende Norm.

Für $u, v \in D_L = \{u \in W^{2m,2}[o,1] : U_\mu u = o \; (\mu = 1, \dots, 2m)\}$ sei $(u, Lv) = (v, Lu)$, und es existiere eine Konstante $K > o$ so, daß für alle

$u \in D_L$ $(u, Lu) \geq K \|u\|_m$ gilt. G sei dann die zu L und den Randbedingungen U_μ $(\mu = 1, \ldots, 2m)$ gehörende Greensche Funktion, H_L der energetische Raum (vgl. MICHLIN [9]), dessen inneres Produkt mit $(.,.)_L$ bezeichnet wird, $\|.\|_L$ sei die zugehörige Norm in H_L.

Ferner sei $Q(x.u)$ auf $[o,1] \times R$ reell und für $u \in H_L$ sei $Qu = Q(.,u(.)) \in L^2[o,1]$. Es sollen eine Konstante $\gamma \in R$ und eine Funktion $M|(o,+\infty) \to R$ so existieren, daß für fast alle $x \in [o,1]$ und alle $u, v \in R$ mit $u \neq v$

$$\text{(4)} \qquad \frac{Q(x,u) - Q(x,v)}{u-v} \geq \gamma > - \inf_{\substack{u \in H_L \\ u \neq o}} \frac{\|u\|_{L^2}}{\|u\|^2}$$

und für fast alle $x \in [o,1]$ und alle $u, v \in R$ mit $u \neq v$, $|u| \leq c$, $|v| \leq c$

$$\text{(5)} \qquad \left| \frac{Q(x,u) - Q(x,v)}{u-v} \right| \leq M(c)$$

gilt.

Damit läßt sich die Theorie der monotonen Operatoren (vgl. CIARLET, SCHULTZ und VARGA [3] für derartige Probleme) anwenden um nachzuweisen, daß das RW-Problem (1) genau eine Lösung

$$\text{(6)} \qquad u_o(x) = - \int_0^1 G(x,\xi)\, Q(\xi, u_o(\xi)) d\xi$$

besitzt. Ebenso ist für jeden n-dimensionalen Unterraum S^n von H_L das zugehörige Galerkin-Problem

$$\text{(7)} \qquad (u_n, w)_L + (Qu_n, w) = o \qquad \text{für alle} \quad w \in S^n$$

eindeutig lösbar.

Geht man bei der Anwendung des Galerkin-Verfahrens von einem bzgl. $(.,.)_L$ in H_L vollständigen ONS von Ansatzfunktionen $\varphi_1, \varphi_2, \ldots$ aus und ist S^n der von $\varphi_1, \ldots, \varphi_n$ aufgespannte Teilraum von H_L, so sei wie in [4], [5], [6] G_n die zum Galerkin-Verfahren gehörende diskrete Greensche Funktion (discrete variational Green's function), und es ist

$$\text{(8)} \qquad G(x,\xi) - G_n(x,\xi) = \sum_{n+1}^{\infty} \varphi_\nu(x)\, \varphi_\nu(\xi).$$

Die Galerkin-Näherung u_n läßt sich dann in der Form

(9) $$u_n(x) = -\int_0^1 G_n(x,\xi)\, Q(\xi, u_n(\xi))d\xi$$

darstellen.

Führt man die Hilfsfunktion

(10) $$F_n(x) = -\int_0^1 (G-G_n)(x,\xi)Q(\xi, u_n(\xi))d\xi$$

ein, so ergibt sich mit

(11) $$Q(x,u_0(x)) - Q(x,u_n(x)) = q_n(x)(u_0(x)-u_n(x))$$

für den Fehler

(12) $$f_n = u_0 - u_n$$

die Darstellung

(13) $$f_n(x) + \int_0^1 G(x,\xi)\, q_n(\xi) f_n(\xi)d\xi = F_n(x).$$

Daraus ergeben sich Abschätzungen von f_n durch F_n (vgl. FORSTER [6], Satz 2). Der Reihenrest $F_n(x)$ läßt sich häufig leicht weiter unabhängig von u_n abschätzen, so daß sich auf diese Weise a priori-Abschätzungen von f_n ergeben. In [6] sind derartige Abschätzungen für RW-Probleme zweiter Ordnung für lineare spline-Funktionen und Polynome als Ansatzfunktionen ausgewertet worden. Hier sollen die Funktionen

(14) $$\varphi_\nu(x) = \frac{\sqrt{2}}{\nu\pi} \sin \nu\pi x \qquad (\nu = 1,2,\dots)$$

als Ansatzfunktionen zum Galerkin-Verfahren für das RW-Problem

(15) $$-u''(x) + Q(x,u(x)) = 0, \qquad u(0) = u(1) = 0,$$

gewählt werden.

Für die Ansatzfunktion (14) sind derartige Abschätzungen für das lineare Problem $-u'' + qu = r, \quad u(0) = u(1) = 0, \quad q,r \in C[0,1], \quad q \geq 0,$ schon von KRYLOW [7] angegeben worden. Dessen Abschätzungen wurden zunächst mit den gleichen Methoden verbessert von BERTRAM [1], LEHMANN [8], BÖRSCH-SUPAN [2] und VAINIKKO [10]. Dann wurden allgemeinere Probleme der Art $Pu + Qu = r$ im Hilbertraum betrachtet (P positiv definit, P^{-1} vollstetig), und es wurden Fehlerabschätzungen für den Fall angegeben, daß die Ansatzelemente zum Galerkin-Verfahren die Eigenelemente von P sind (Vainikko, Dzhishkariani u.a.).

Aus der Differentialgleichung folgt

$$|u_o(x)| \leq c_2, \quad |u_n(x)| \leq c_2 \quad (n = 1,2,\ldots) \qquad \text{(vgl. [6])}.$$

Es sei $X \subset [o,1]$ eine offene Menge mit dem Maß 1, und es seien die $Q_{\nu\rho}(x,u)$ $(\nu = 1,\ldots,2^{\rho})$ die partiellen Ableitungen von $Q(x,u)$ der Ordnung ρ $(\rho = o,1,\ldots)$. Es wird hier nur der Fall betrachtet, daß die $Q_{\nu\rho}(x,u)$ für $\rho = o,1,2$ auf $[o,1] \times [-c_2, c_2]$, für $\rho = 3$ auf $X \times [-c_2, c_2]$ existieren und stetig sind. Für alle auf $[o,1]$ absolut stetigen Funktionen u mit $|u| \leq c_2$ seien auch die $Q_{\nu\rho}(\cdot, u(\cdot))$ $(\rho = o,1,2)$ absolut stetig, während $Q_{\nu 3}(\cdot, u(\cdot)) \in L^2[o,1]$, $\|Q_{\nu 3}(\cdot, u(\cdot))\| \leq C_\nu$ gilt.

Es werde im folgenden q_n durch die partielle Ableitung von Q nach u an einer Zwischenstelle bestimmt, und es gelte anstelle von (4)

$$\text{(16)} \qquad \frac{\partial Q(x,u)}{\partial u} \geq \gamma > -\pi^2 \qquad \text{für alle } x \in [o,1] \text{ und alle } u \in R.$$

Damit ist q_n' abs. stetig, $q_n'' \in L^2[o,1]$. Dieses entspricht den Voraussetzungen von BÖRSCH-SUPAN [2] im linearen Fall. Da speziell für die Ansatzfunktion (14) $\|u_n''\| \leq \|Qu_n\|$ gilt, lassen sich damit auch im nicht linearen Fall $\|q_n'\|$ und $\|q_n''\|$ unabhängig von n abschätzen.

Wie in [6] sind zunächst

$$\text{(17)} \qquad A(x) = \int_o^1 G(x,\xi)\, q_n(\xi)\, F_n(\xi)\, d\xi$$

und

$$\text{(18)} \qquad B(x) = \int_o^1 G(x,\xi)\, q_n(\xi)\, (f_n(\xi) - F_n(\xi))\, d\xi$$

abzuschätzen. Es ergibt sich

(19) $$|A(x)| \leq [\, |q_n|_{sup}\, \sigma_n(x) + x(1-x)\left(\frac{\|q''_n\|}{(n+1)^2\pi^2} + \frac{\|q'_n\|}{(n+1)\pi}\right)] \cdot \|F_n\|$$

oder, wenn ähnlich wie in [2] darauf verzichtet wird, am Rand den exakten Fehler zu erhalten

(20) $$|A(x)| \leq [\, |q_n|_{sup}\, \sigma_n(x) + \frac{2\|q'_n\| + \frac{1}{4}\|q''_n\|}{(n+1)^2\pi^2}\,] \cdot \|F_n\|.$$

Dabei ist σ_n die in [8] und [2] tabellierte Funktion

(21) $$\sigma_n(x) = \frac{\sqrt{2}}{\pi^2}\sqrt{\sum_{n+1}^{\infty} \frac{\sin^2 \nu\pi x}{\nu^4}}\,.$$

Ebenso gilt

(22) $$|B(x)| \leq \frac{|q_n|_{sup}}{1+\frac{Min(o,\gamma)}{\pi^2}} \cdot \frac{x(1-x)}{\sqrt{3}} \cdot \frac{1}{(n+1)^2\pi^2}[\, |q_n|_{sup} + 2\|q'_n\| + \frac{1}{4}\|q''_n\|\,] \cdot \|F_n\|.$$

Damit folgt aus (13)

(23) $$f_n(x) = F_n(x) + H_n(x)$$

mit

(24) $$|H_n(x)| \leq \frac{K_1}{n^{3/2}} \cdot \|F_n\|$$

bzw.

(25) $$|H_n(x)| \leq \frac{K_2}{n^{1/2}} \cdot \sin \pi x \cdot \|F_n\|.$$

Mit den Hilfsfunktionen

(26) $$\tau_n(x) = \frac{2}{\pi^3} \sum_{\substack{\nu=n+1 \\ \nu \text{ gerade}}}^{\infty} \frac{\sin \nu\pi x}{\nu^3}$$

und

(27) $$\tau_n^*(x) = \frac{2}{\pi^3} \sum_{\substack{\nu=n+1 \\ \nu \text{ ungerade}}}^{\infty} \frac{\sin \nu\pi x}{\nu^3}$$

folgt

(28) $$F_n(x) = \tau_n(x)[Q(1,0)-Q(0,0)] - \tau_n^*(x)[Q(0,0)+Q(1,0)]+S_n(x).$$

Dabei ist

(29) $$S_n(x) = \frac{2}{\pi^4} \sum_{n+1}^{\infty} \frac{\sin \nu\pi x}{\nu^4} \int_0^1 \sin \nu\pi x\,(Qu_n)''dx,$$

und es gilt

(30) $$|S_n(x)| \leq \sigma_{n,2}(x)\,\|(Qu_n)''\|,$$

(31) $$\|S_n\| \leq \frac{1}{(n+1)^4\pi^4}\,\|(Qu_n)''\|,$$

mit

(32) $$\sigma_{n,2}(x) = \frac{\sqrt{2}}{\pi^4} \sqrt{\sum_{n+1}^{\infty} \frac{\sin^2 \nu\pi x}{\nu^8}}\ .$$

Die Hilfsfunktionen τ_n, τ_n^* und $\sigma_{n,2}$ lassen sich ebenso wie σ_n in [2] leicht mit der Eulerschen Summenformel abschätzen. Da $\|(Qu_n)''\|$ aufgrund der Voraussetzungen über die partiellen Ableitungen unabhängig von n abschätzbar ist, ergibt sich damit eine Abschätzung von f_n, die von der Form $|f_n| \leq O(\frac{1}{n^2})$ ist, und die wegen (28) - (32) asymptotisch genau den exakten Fehler wiedergibt.

In [1] wurde das lineare RW-Problem

(33) $$-u'' + xu = 2 + x^2 - x^3, \quad u(0) = u(1) = 0,$$

das die exakte Lösung $u_0(x) = x(1-x)$ hat, betrachtet. Es wurde ein viergliedriger Galerkin-Ansatz

$$u_4(x) = 0,258\,012\,25 \sin\pi x - 0,000\,001\,09 \sin 2\pi x$$
$$+ 0,009\,556\,01 \sin 3\pi x - 0,000\,002\,73 \sin 4\pi x$$

berechnet und $|f_4(x)|$ mit den sich aus der Abschätzung ergebenden Werten verglichen. Dieses Beispiel wurde auch in [8], [2], [10] zum Test für die Abschätzung verwertet. Die Zahlenwerte, die sich aus den in dieser Arbeit entwickelten Abschätzungen ergeben, sind in der folgenden Tabelle mit denen aus bekannten Abschätzungen verglichen worden. Die Funktionen τ_n, τ_n^* sind hier direkt ausgewertet worden, während $\sigma_{n,2}$ mit der Eulerschen Summenformel abgeschätzt wurde. Aus (23) und (28) ergeben sich hier zweiseitige Abschätzungen von f_n.

x	exakter Fehler $f_4(x)$	Abschätzung für $\lvert f_4(x)\rvert$ nach Krylov [7]	Überschätzungs-faktor	Bertram [1]	Üb.	Lehmann [8] (1)	Üb.
0 und 1	0	↑	-	0,0521	-	0	-
0,1 " 0,9	0,002542		41	0,0527	22	0,0178	7
0,2 " 0,8	-0,000741	0,1036	140	0,0530	72	0,0116	16
0,3 " 0,7	-0,001690		61	0,0533	32	0,0171	10
0,4 " 0,6	0,000231		448	0,0535	232	0,0128	55
0,5	0,001544	↓	67	0,0535	35	0,0172	11

Lehmann [8] (2)	Üb.	Börsch-Supan [2]	Üb.	Vainikko [10]	Üb.	Abschätzung mit (23)-(32) untere Schranke	obere Schranke	Üb. von $\lvert f_4(x)\rvert$
0	-	0,0000	-	↑	-	0	0	-
0,0099	3,9	0,0050	2,0		1,7	0,002358	0,002719	1,07
0,0064	6,6	0,0031	4,2	0,0043	5,8	-0,000834	-0,000654	1,13
0,0095	5,6	0,0046	2,7		2,5	-0,001878	-0,001500	1,11
0,0071	31	0,0033	14		19	0,000117	0,000348	1,51
0,0096	6,2	0,0046	3,0	↓	2,8	0,001351	0,001737	1,13

Von den Ergebnissen Vainikkos ist nur das beste berücksichtigt worden. Die zweite Abschätzung von Lehmann ist im Gegensatz zu allen anderen keine a priori-Abschätzung, da die Näherung u_n benötigt wird.

LITERATUR

1. Bertram, G.: Verschärfung einer Fehlerabschätzung zum Ritz-Galerkinschen Verfahren von Krylow für Randwertaufgaben. Numer. Math. 1 (1959), 135-141.
2. Börsch-Supan, W.: Bemerkungen zur Fehlerabschätzung beim Ritz-Galerkinschen Verfahren nach Krylow. Numer. Math. 2 (1960), 79-83.
3. Ciarlet, P.G., Schultz, M.H. and R.S. Varga: Numerical methods of high-order accuracy for nonlinear boundary value problems. V. Monotone operator theory. Numer. Math. 13 (1969), 51-77.
4. Ciarlet, P.G.: Discrete variational Green's function I. Aequationes Mathematicae 4 (1970), 74-82.
5. Ciarlet, P.G. and R.S. Varga: Discrete variational Green's function II. One dimensional problem. Numer. Math. 16 (1970), 115-128.
6. Forster, P.: Die diskrete Greensche Funktion und Fehlerabschätzungen zum Galerkin-Verfahren. Numer. Math. 19 (1972), 407-418.
7. Krylow, M.N.: Les méthodes de solution approchée des problèmes de la physique mathématique. Mémorial des sciences mathématiques, Fasc 49, Paris 1931.
8. Lehmann, N.J.: Eine Fehlerabschätzung zum Ritzschen Verfahren für inhomogene Randwertaufgaben. Numer. Math. 2 (1960), 60-66.
9. Michlin, S.G.: Variationsmethoden der mathematischen Physik. Akad.-Verl., Berlin (1962).
10. Vainikko, G.: Fehlerabschätzungen zum Galerkin-Verfahren für lineare Differentialgleichungen (Russisch). Tartu Riikliku Toimetised 129 (1962), 394-416.

EINE FEHLERABSCHÄTZUNG FÜR DIE APPROXIMATION ANALYTISCHER FUNKTIONEN DURCH SPLINES

von G. Hämmerlin in München

In diesem Vortrag soll gezeigt werden, wie der Fehler interpolierender Splines durch ableitungsfreie Schranken abgeschätzt werden kann, sofern die zu interpolierende Funktion sich in einem geeigneten Gebiet holomorph verhält. Wir betrachten dabei L-Splines nach M.H. SCHULTZ - R.S. VARGA [4]; eine vollständige Erfassung aller Typen wird hier nicht angestrebt. Die Ausführungen haben vielmehr exemplarischen Charakter.

In diese Darstellung gehen die Ergebnisse von Rechnungen und Beispiele ein, die F. PFLIEGL [3] im Rahmen einer Diplomarbeit ausgeführt hat; für seine gewissenhafte Arbeit danke ich ihm.

1. L-Splines: Nach M.H. SCHULTZ-R.S. VARGA [4] definieren wir:

Seien

$$[a,b] \subset \mathbb{R}, \quad m \in \mathbb{N}, \quad u \in C^m[a,b]^{1)}, \qquad \bigwedge_{0 \leq j \leq m} c_j \in C^m[a,b];$$

damit wird der lineare Differentialoperator

$$Lu := \sum_{j=0}^{m} c_j D^j u$$

erklärt. Für den Höchstkoeffizienten c_m gelte

$$\bigvee_{0<\omega \in \mathbb{R}} \; \bigwedge_{x \in [a,b]} c_m(x) \geq \omega.$$

Der zu L formal adjungierte Operator L^* lautet $(v \in C^m[a,b])$

$$L^*v = \sum_{j=o}^{m} (-1)^j D^j (c_j v).$$

Weiterhin seien eine Intervallzerlegung $\zeta : a = x_o < x_1 < \ldots < x_{n+1} = b$ und ein Inzidenzvektor $z := (z_1, \ldots, z_n)$, $z_k \in \mathbb{N}$, $\bigwedge_{1 \le k \le n} 1 \le z_k \le m$, gegeben.

Dann nennen wir die Funktion $s : [a,b] \to \mathbb{R}$ *L-Spline* für ζ und z, falls die folgenden Bedingungen erfüllt sind:

(1.1) $$\bigwedge_{o \le k \le n} \quad s \in C^{2m}[x_k, x_{k+1}],$$

(1.2) $$\bigwedge_{o \le k \le n} \quad \bigwedge_{x \in (x_k, x_{k+1})} \quad L^*L\, s(x) = o,$$

(1.3) $$\bigwedge_{1 \le k \le n} \quad \bigwedge_{o \le j \le 2m-1-z_k} \quad \lim_{x \to x_k^+} D^j s(x_k) = \lim_{x \to x_k^-} D^j s(x_k).$$

Der L-Spline heißt *interpolierend,* falls überdies bezüglich einer anzunähernden Funktion $f \in C^{m-1}[a,b]$ noch gilt:[2)]

(1.4) $$\bigwedge_{1 \le k \le n} \quad \bigwedge_{o \le j \le z_k - 1} \quad D^j s(x_k) = D^j f(x_k),$$

$$k = o,\ n+1 : \quad \bigwedge_{o \le j \le m-1} \quad D^j s(x_k) = D^j f(x_k).$$

Die Frage der Existenz und Eindeutigkeit solcher L-Splines wird in [4] diskutiert. Sie ist unter gewissen Annahmen, die insbesondere die Wahl der Inzidenzvektoren betreffen, positiv zu beantworten. Mit diesen Fällen befassen wir uns weiter.

2. Allgemeine Abschätzungen: Aus der Integralrelation $(f \in C^{2m}[a,b])$

$$\int_a^b (Lf)^2 dx = \int_a^b [L(f-s)]^2 dx + \int_a^b (Ls)^2 dx,$$

aus der die Extremaleigenschaft des L-Splines, aber auch die Gleichung

$$\int_a^b [L(f-s)]^2 dx = \int_a^b (f-s)(L^*Lf)dx$$

fließt, wird in [4] die folgende Fehlerabschätzung für L-Splines hergeleitet:

Sei $\{\zeta_n\}_{n\in\mathbb{N}}$ eine Folge von Zerlegungen, $\bar{\zeta}_n := \max_{0\le k\le n} |x_{k+1}-x_k|$ bei der n-ten Zerlegung, und sei $\{s_n\}_{n\in\mathbb{N}}$ die Folge der zugehörigen L-Splines. Dann gilt

$$\|f-s_n\|_\infty \le M_3(m)\bar{\zeta}_n^{\,2m-\frac{1}{2}} \|L^*Lf\|_2 \tag{2.1}$$

mit

$$M_3(m) = \frac{(m!)^2}{\sqrt{m}} \sqrt{\frac{2}{m} + \frac{1}{\pi^{2m}}}\,\Big[\omega - \frac{m!(b-a)^{\frac{1}{2}}}{\sqrt{m}}\, \bar{\zeta}_n^{\,m-\frac{1}{2}} \sum_{j=o}^{m-1} \frac{\|c_j\|_\infty}{j!\bar{\zeta}_n^{\,j}}\Big]^{-2}. \tag{2.2}$$

Betrachten wir etwa die speziellen Differentialoperatoren

$$L := D^m, \tag{2.3}$$

der den Polynom-Spline von Grad $2m-1$ erzeugt und

$$L := D^2 + Id, \tag{2.4}$$

der zu einer Linearkombination aus den Elementen $u_1(x) := \sin(x)$, $u_2(x) := \cos(x)$, $u_3(x) := x \sin(x)$, $u_4(x) := x\cos(x)$ des Fundamentalsystems $u_1, \ldots, u_4$ von $L^*Lu = o$ führt.

Mit $\bar{\zeta}_n := \frac{b-a}{n} =: h$ errechnet man aus (2.2) die Fehlerkonstanten

$$M_3(m) = \frac{(m!)^2}{\sqrt{m}} \sqrt{\frac{2}{m} + \frac{1}{\pi^{2m}}} \quad \text{für } L := D^m, \tag{2.5}$$

$$M_3(m) = M_3(2) = 2\sqrt{2}\sqrt{1 + \frac{1}{\pi^4}}\,(1-2h^{\frac{3}{2}})^{-2} \quad \text{für } L := D^2 + Id. \tag{2.6}$$

Im äquidistanten Fall hat man damit die Abschätzung

$$\|f-s\|_\infty \le M_3(m)h^{2m-\frac{1}{2}} \|L^*Lf\|_2. \tag{2.7}$$

Diese Schranke ist zwar optimal, aber kaum praktikabel, da die Berechnung der Abschätzung von $\|L^*Lf\|_2$ meistens zu umständlich sein wird. Wir werden im folgenden jedoch (2.7) dazu mitverwenden, Schranken zu gewinnen, die einfacher zu handhaben sind.

3. Abschätzungen für analytische Funktionen:

Sei nun $[a,b] := [-1,+1]$; schränken wir den Kreis der betrachteten Funktionen auf analytische Funktionen ein, so können wir auch hier zu Abschätzungen der Art kommen, wie sie etwa für den Fall der Quadraturfehler bereits in mehreren Arbeiten zu finden sind (z.B. [1], [2]).

Ist nämlich

$$f(z) = \sum_{\nu=0}^{\infty} a_\nu z^\nu \qquad \text{holomorph für } |z| < r, \quad r > 1,$$

und gilt im Lebesgueschen Sinn, integriert über die Bogenlänge s,

$$\|f\|_2 := \Big[\int_{|z|=r} |f(z)|^2 ds\Big]^{\frac{1}{2}} < \infty, \tag{3.1}$$

so ist f Element der Hardyschen Klasse H_2, eines Hilbertraums mit dem inneren Produkt

$$\bigwedge_{f,g\in H_2} (f,g) := \int_{|z|=r} f(z)\bar{g}(z)ds.$$

Ist weiter $R(\cdot)$ ein beschränktes lineares Funktional auf H_2, so gilt

$$\bigvee_{0<\sigma=:\|R\|} \bigwedge_{f\in H_2} |R(f)| \leq \sigma \|f\|_2. \tag{3.2}$$

Die Potenzen $\dfrac{z^\nu}{\sqrt{2\pi r}\; r^\nu}$, $(\nu=0,1,\ldots)$, bilden ein Orthonormalsystem in H_2.

Damit ist nach (3.1)

$$\|f\|_2 = \sqrt{2\pi r}\,\Big[\sum_{\nu=0}^{\infty} |a_\nu|^2 r^{2\nu}\Big]^{\frac{1}{2}},$$

und wegen

$$R(f) = \sum_{\nu=0}^{\infty} a_\nu R(z^\nu) = \sqrt{2\pi r} \sum_{\nu=0}^{\infty} a_\nu r^\nu \frac{R(z^\nu)}{\sqrt{2\pi r}\, r^\nu}$$

gilt dann

$$|R(f)| \le [\sum_{\nu=0}^{\infty} |a_\nu|^2 r^{2\nu}]^{\frac{1}{2}} [\sum_{\nu=0}^{\infty} \frac{|R(z^\nu)|^2}{r^{2\nu}}]^{\frac{1}{2}} = \sigma \|f\|_2,$$

(3.3) $$\sigma := \frac{1}{\sqrt{2\pi r}} [\sum_{\nu=0}^{\infty} \frac{|R(z^\nu)|^2}{r^{2\nu}}]^{\frac{1}{2}}.$$

Die Wahl $a_\nu := \frac{R(z^\nu)}{r^{2\nu}}$ zeigt dabei, daß es sich bei σ in (3.3) tatsächlich um $\|R\|$ handelt.

4. Anwendung auf Splines: Sei $x \in [-1,+1]$, $f: [-1,+1] \to \mathbb{R}$. Dann ist $R_x(f) := f(x) - s(x)$ der lokale Fehler des L-Splines, und es gilt

$$\bigwedge_{x \in [-1,+1]} |R_x(f)| = |f(x)-s(x)| \le \|f-s\|_\infty.$$

Mit $g_\nu(x) := x^\nu$, $(\nu = 0,1,\ldots)$, gilt dann nach (3.3)

$$\sigma(x) = \frac{1}{\sqrt{2\pi r}} \left[\sum_{\nu=0}^{\infty} \frac{|R_x(g_\nu)|^2}{r^{2\nu}} \right]^{\frac{1}{2}},$$

falls f den Voraussetzungen der Holomorphie im 3. Abschnitt genügt, und mit (2.7) wird daraus

$$\bigwedge_{x \in [-1,+1]} \sigma(x) \le \frac{1}{\sqrt{2\pi r}} \left[\sum_{\nu=0}^{\infty} \frac{\|g_\nu - s\|_\infty^2}{r^{2\nu}} \right]^{\frac{1}{2}} \le \sigma^*$$

(4.1) $$\sigma^* := \frac{M_3(m) h^{2m-\frac{1}{2}}}{\sqrt{2\pi r}} [\sum_{\nu=0}^{\infty} \frac{\|L^* L g_\nu\|_2^2}{r^{2\nu}}]^{\frac{1}{2}}.$$

Damit ist die Fehlerabschätzung

(4.2) $$\|f-s\|_\infty \leq \sigma^* \|f\|_2$$

möglich.

Betrachten wir etwa den Polynomspline (2.3): Hier ist für $\nu \geq 2m$

$$L^*Lg_\nu = p(\nu, 2m)x^{\nu-2m}, \quad p(\nu, 2m) := \prod_{l=0}^{2m-1} (\nu-l),$$

so daß sich

$$\|L^*Lg_\nu\|_2^2 = p^2(\nu, 2m) \frac{2}{2\nu-4m+1}$$

und damit

(4.3) $$\sqrt{2\pi r}\ \sigma^* = M_3(m)h^{2m-\frac{1}{2}} \left[\sum_{\nu=2m}^{\infty} \frac{2p^2(\nu, 2m)}{2\nu-4m+1} \frac{1}{r^{2\nu}} \right]^{\frac{1}{2}}$$

ergibt.

Ebenso findet man für $L := D^2 + Id$, $L^*Lg_\nu = (D^4 + 2D^2 + Id)g_\nu$, den Ausdruck

$$\|L^*Lg_\nu\|_2^2 = \frac{2}{2\nu+1} + \frac{8\nu^2(\nu-1)^2 + 4\nu(\nu-1)(\nu-2)(\nu-3)}{2\nu-3} +$$

$$+ \frac{8\nu^2(\nu-1)^2(\nu-2)(\nu-3)}{2\nu-5} + \frac{2\nu^2(\nu-1)^2(\nu-2)^2(\nu-3)^2}{2\nu-7},$$

der in (4.1) eingesetzt σ^* liefert. Die unendlichen Summen wurden numerisch in Abhängigkeit von r berechnet[3], so daß Tabellen von σ^* als Funktion von r erstellt werden konnten. Aus diesen Tabellen sind die Zahlenwerte entnommen, die für die beiden folgenden Beispiele benötigt werden.

Beispiel 1: $f(x) := \sqrt{x+8}$, $L := D^2$ (kubischer Spline).

Nach (3.1) ist $\|f\|_2 \leq \sqrt{2\pi r} \sup_{|z|=r} |f(z)| = \sqrt{2\pi r}\ \sqrt{r+8}$, und nach der berechneten Tabelle gilt

$$\inf_{1<r<8} \sigma^* \sqrt{2\pi r}\ \sqrt{r+8} = \sigma^* \sqrt{2\pi r}\ \sqrt{r+8}\,\Big|_{r=8} = 0,0673h^{\frac{7}{2}}.$$

Für $h := 0,2$ erhält man damit die Abschätzung

$$\|f-s\|_\infty \leq 2,28 \cdot 10^{-4}$$

gegenüber dem wahren Fehler

$$\|f-s\|_\infty = 2,7 \cdot 10^{-5}.$$

Beispiel 2: $f(x) := \frac{1}{50+x^2}$, $L := D^2 + Id$.

$$\|f\|_2 \leq \sqrt{2\pi r}\ \frac{1}{50-r^2}.$$

$$h := 0,2: \quad \inf_{1<r<\sqrt{50}} \sigma^* \sqrt{2\pi r}\ \frac{1}{50-r^2} = 5,33 \cdot 10^{-4} \qquad (r = 4).$$

Damit ergibt sich die Abschätzung

$$\|f-s\|_\infty \leq 5,33 \cdot 10^{-4}$$

gegenüber dem wahren Fehler

$$\|f-s\|_\infty = 6,5 \cdot 10^{-5}.$$

Abschließend sei auf die Einfachheit dieser Abschätzungen hingewiesen, die sie als praktisch verwendbar erscheinen läßt.

* * *

[1] Auf eine mögliche leichte Abschwächung der Differenzierbarkeitsbedingungen wird hier verzichtet, da letzten Endes holomorphe Funktionen diskutiert werden sollen.

[2] Wir betrachten der Kürze halber nur den sogenannten Typ I.

[3] Bei $L := D^2 + Id$ kommt nach (2, 6) noch die Abhängigkeit von $M_3(m)$ von h dazu.

LITERATUR

1. Hämmerlin, G.: über ableitungsfreie Schranken für Quadraturfehler. Numer. Math. 7 (1965), 232-237.

2. Hämmerlin, G.: Fehlerabschätzung bei numerischer Integration nach Gauß. Meth. u. Verf. d. math. Physik 6 (1972), 153-163.

3. Pfliegl, F.: Ableitungsfreie Fehlerschranken bei Spline-Interpolation. Dipl. arb. Universität München 1971.

4. Schultz, M.H. and R.S. Varga: *L*-Splines. Numer. Math. 10 (1967), 345-369.

EINE KOHÄRENZFORDERUNG FÜR DIFFERENZENGLEICHUNGEN

von J. Hersch in Zürich

1. Einen möglichen allgemeinen Standpunkt zu den Approximationsmethoden möchte ich hier zur Diskussion stellen:

"Sukzessive Näherungsvorschriften sollten einander nicht widersprechen".

Solche Methoden, die keinen "inneren Widerspruch" enthalten, werden im folgenden *"kohärent"* genannt; sie sind *im günstigsten Fall* imstande, die genaue Lösung zu liefern. Die Abweichung von der genauen Lösung rührt dann nicht von der Natur des Approximationsverfahrens her, sondern nur vom spezifischen Problem. - Diese einfache Idee stammt aus der Zeit, wo ich am Battelle-Institut in Genf arbeitete.

2. Die klassischen Differenzengleichungen zu der Differentialgleichung $u''(x) = f(x)$ sowie zu der Laplace'schen und zu der Poisson'schen Gleichung sind im obigen Sinne "kohärent". - Ein einfaches Beispiel einer "inkohärenten" klassischen Differenzengleichung liefert die Gleichung der schwingenden Saite $u''(x) + \lambda u(x) = o$: die klassische Differenzengleichung lautet

(1) $$u(x-h) - A_h u(x) + u(x+h) = o \qquad \text{mit}$$

(2) $$A_h = 2-\lambda h^2.$$

Setzen wir die Differenzengleichung in der Form (1) an, so können wir durch Linearkombination von drei solchen Gleichungen (zentriert in $x-h$ bzw. in x bzw. in $x+h$) eine neue Differenzengleichung

$$(1') \qquad u(x-2h) - A_{2h} u(x) + u(x+2h) = o$$

erhalten, und zwar mit

$$(3) \qquad A_{2h} = A_h^2 - 2.$$

Diese Rekurrenzformel ist die Kohärenzbedingung. Sie wird durch den Ansatz $A_h = 2\cos(kh)$ gelöst. - Die "Brücke" zur Differentialrechnung wird durch den Grenzübergang $h \to o$ geschlagen: man erhält $u'' + k^2 u = o$, also $\lambda = k^2$. Somit erfüllt die Differenzengleichung

(1) *mit*

$$(4) \qquad A_h = 2\cos(\sqrt{\lambda}\, h)$$

die Kohärenzforderung und entspricht der gegebenen Differentialgleichung. Sie wird sogar hier *genau* durch alle Lösungen der Differentialgleichung erfüllt. - Bei vorgegebenen Randbedingungen für das Saitenproblem liefert sie aber naturgemäß *nur diejenigen Eigenwerte* λ_n, *deren zugehörigen Eigenfunktionen nicht in allen Maschenpunkten verschwinden.* - Praktische Durchführung: Eine Maschenweite h wird gewählt; die Differenzengleichungen werden aufgestellt; das Nullsetzen der Determinante ergibt eine algebraische Gleichung für A_h; *jedem* erhaltenen A_h *entsprechen unendlich viele Eigenwerte* λ.

Die klassische Differenzengleichung (1) (2) erfüllt die Kohärenzbedingung (3) *nicht;* (2) gibt die beiden ersten Glieder der Taylor-Entwicklung von (4).

3. Etwas komplizierter ist es, kohärente Differenzengleichungen zum Problem der schwingenden Membran aufzustellen. Wir setzen diese in der Form an:

$$(5) \qquad u(x-h,y)+u(x+h,y)+u(x,y-h)+u(x,y+h)-A_h u(x,y) = o.$$

Es gelingt hier *nicht,* die Differenzengleichung für die Masche $2h$ durch Linearkombination derjenigen für die Masche h aufzubauen; vielmehr soll man eine dritte Maschenweite heranziehen. - Für eine Rekurrenz zwischen A_h, A_{2h} und A_{4h}, siehe C.R. Acd. Sci. Paris, 246, 1958, p. 364. - Am einfachsten benutzen wir jedoch *die Masche* $\sqrt{2}h$ *mit einem um* 45° *gedrehten quadratischen Netz.* Dann erhält man leicht die *Kohärenzbedingung*

(6) $$A_{2h} = -2A_{\sqrt{2}h} + A_h^2 - 4.$$

Die Lösung dieser *Rekurrenz 2. Ordnung* wird am einfachsten durch die Form $\sin(k_1 x)\sin(k_2 y)$ der Eigenfunktionen der rechteckigen Membranen inspiriert: diese erfüllen *genau* (5) mit

(7) $$A_h = 2\cos(k_1 h) + 2\cos(k_2 h).$$

Eben diesen Ansatz führen wir in (6) für A_h und für A_{2h} ein: Wir erhalten $A_{\sqrt{2}h} = 4\cos(k_1 h)\cos(k_2 h)$, d.h.

$$A_{\sqrt{2}h} = 2\cos\left(\frac{k_2 + k_1}{\sqrt{2}} \cdot \sqrt{2}\,h\right) + 2\cos\left(\frac{k_2 - k_1}{\sqrt{2}} \cdot \sqrt{2}\,h\right).$$

Daß die Rekurrenz (6) durch obigen Ansatz gelöst wird, leuchtet ein, wenn man bedenkt, daß $(k_2+k_1)/\sqrt{2}$ bzw. $(k_2-k_1)/\sqrt{2}$ die Komponenten des Vektors $\vec{k} = (k_1, k_2)$ in den zur Maschenweite $\sqrt{2}h$ gehörigen Richtungen $(1,1)$ und $(-1,1)$ sind. - Da die Rekurrenz (6) von *zweiter* Ordnung war, bleiben uns naturgemäß *zwei* willkürliche Konstanten k_1, k_2.

Bemerkung: Ob dieser "Vektor" $\vec{k}$ eine physikalische Bedeutung hat, scheint eine interessante Frage zu sein; allerdings besteht i. A. kein Grund, den Vektor (k_1, k_2) lieber als (k_2, k_1) zu betrachten.

Die "Brücke zur Differentialrechnung" liefert der Grenzübergang $h \to o$: er ergibt $\Delta u + \lambda u = o$ mit

(8) $$\lambda = k_1^2 + k_2^2.$$

Wir bemerken, daß der klassische Koeffizient $A_h = 4 - \lambda h^2$ die Differenzengleichung (5) "inkohärent" macht; er entspricht wieder den beiden ersten Gliedern der Taylor-Entwicklung des "kohärenten" Ausdrucks (7).

Im Gegensatz zum eindimensionalen Fall (§2), wo die Differenzengleichungen *genaue* Werte für Eigenwerte und Eigenfunktionen ergaben, erhalten wir hier im allgemeinen nur *Näherungswerte.* Dies rührt davon her, daß *die diskreten Eigenfunktionen zu den Maschen h, $\sqrt{2}\,h$ und 2h i.A. nicht übereinstimmen.* Im Spezialfall aller rechteckigen Membranen stimmen aber diese genau überein: dort erhalten wir genaue Werte.

Praktische Durchführung. - Setzen wir $c_1 = \cos(k_1 h)$ und $c_2 = \cos(k_2 h)$; algebraisch werden A_h und $A_{\sqrt{2}h}$ bestimmt; die obigen Relationen $A_h = 2c_1 + 2c_2$ und $A_{\sqrt{2}h} = 4c_1 c_2$ erlauben, k_1 und k_2 sowie daraus einen Näherungswert für λ folgendermaßen zu berechnen: $2c_1$ und $2c_2$ sind die beiden Wurzeln der algebraischen Gleichung zweiten Grades $y^2 - A_h y + A_{\sqrt{2}h} = o$, d.h.

$$c_{1,2} = \frac{1}{4}\left(A_h \pm \sqrt{A_h^2 - 4A_{\sqrt{2}h}}\right); \quad k_{1,2} = \frac{1}{h} \operatorname{arc\,cos} c_{1,2}; \quad \lambda \simeq k_1^2 + k_2^2.$$

Im Fall einer rechteckigen Membran erhalten wir so unendlich viele genaue Eigenwerte - allerdings nicht alle: es fehlen wieder diejenigen, deren zugehörigen Eigenfunktionen in allen Netzpunkten verschwinden; für andere Gebiete erhalten wir Näherungswerte.

4. Ich möchte vor allem zur Diskussion stellen, ob diese Forderung der "Kohärenz" (oder "Widerspruchslosigkeit") bei ganz anderen Problemen und Approximationsverfahren angewandt werden kann bzw. eventuell bereits angewandt wurde?

ISNM 19 Birkhäuser Verlag, Basel und Stuttgart, 1974

ÜBER EINE INTEGRO-DIFFERENTIALGLEICHUNG IN DER TURBULENZTHEORIE

von J.U. Keller in Aachen

ZUSAMMENFASSUNG

Aus der Liouville-Gleichung eines Ensembles turbulenter Strömungen von Flüssigkeiten oder Gasen, für welche die Navier-Stokes-Gleichungen gelten, wird eine Gleichung für die Wahrscheinlichkeitsverteilung der Werte beliebiger regulärer Funktionale des Druck- und Geschwindigkeitsfeldes der Strömung abgeleitet.

Die Gleichung ist eine exakte, lineare Integro-Differentialgleichung. Sie geht unter gewissen Näherungsannahmen in eine Gleichung vom Typ der Fokker-Planck-Gleichung mit nichtkonstanten Koeffizienten über.

Vorgänge in turbulent strömenden einfachen fluiden Medien können nach den Regeln der Thermodynamik der irreversiblen Prozesse (MEIXNER und REIK [4]) stets durch ein System parabolischer Differentialgleichungen

$$\partial_t \varphi(x,t) = Q[\varphi(x,t)] \qquad x \in R, \quad t \geq o \tag{1}$$

beschrieben werden.

Hier bedeutet R ein gewisses Raumgebiet, $x = (x_1, x_2, x_3)$ einen Punkt in R, t die Zeit, $\partial_t = \partial/\partial t$, $\varphi = (\varphi_o \dots \varphi_n)$ einen Satz von für das betrachtete System charakteristischen Feldern wie Temperatur, Dichte, Geschwindigkeiten etc. und $Q = (Q_o \dots Q_n)$ einen Satz eindeutiger, stetiger, regulärer oder auch singulärer Funktionale der Felder φ (VOLTERRA [5]).

Beispiel: Die Navier-Stokes-Gleichungen für eine zähe, kompressible, isotherme einkomponentige Flüssigkeit:

(2a) $$\partial_t \rho = -\partial_\alpha(\rho v_\alpha)$$

(2b) $$\partial_t v_\alpha = -v_\beta \partial_\beta v_\alpha + \nu \Delta v_\alpha - \partial_\alpha P, \quad \alpha = 1,2,3.$$

Bezeichnungen: $\rho(x,t)$ ... Dichte, $v_\alpha(x,t)$ ... Geschwindigkeitsfeld, $\partial_\alpha = \partial/\partial x_\alpha$, $\Delta = \partial_\alpha \partial_\alpha$, $\nu = const.$ .... kinematische Zähigkeit, $P = P(\rho, T = const.)$ ..... Druck, Summenkonvention.

Aus den Gleichungen (1) und den dazugehörigen Randbedingungen können die Felder φ grundsätzlich als Funktionale der Anfangsfelder

$$\varphi(x,o) = \varphi_0(x)$$

berechnet werden:

(3) $$\varphi = \varphi[x, t; \varphi_0(x)].$$

In vielen Fällen - z. B. bei turbulenter Bewegung des fluiden Mediums ist es aber weder analytisch noch numerisch möglich, physikalisch und technisch wertvolle Aussagen über die Lösungen (3) der Gleichungen (1) zu machen.

Oft ist es aber auch nicht notwendig, den genauen Raum - Zeit - Verlauf der Felder (3) zu kennen, um das betrachtete System praktisch zu beherrschen. Dazu genügt häufig bereits die Kenntnis des mittleren statistischen Verhaltens der Felder φ bzw. gewisser Funktionale von ihnen.

Wir betrachten daher im folgenden anstelle des ursprünglichen Systems ein *Gibbs - Ensemble* identischer und voneinander unabhängiger Kopien des Systems. Die in den einzelnen Kopien ablaufenden Prozesse können aber entsprechend ihren verschiedenen Anfangsbedingungen voneinander verschieden sein.

Jeder Prozeß kann durch die Bewegung eines Phasenpunktes im Raum $\Omega = \{\varphi(x,t),\ x \in R,\ t \geq o\}$ aller stetigen, genügend oft differenzierbaren und die Randbedingungen des Systems erfüllenden Felder beschrieben werden. Der statistische Zustand des Ensembles wird durch ein Wahrscheinlichkeitsfunktional

(4) $$f[\varphi(x), t]\,\mu(d\varphi) \geq o$$

beschrieben. Diese Größe gibt die Wahrscheinlichkeit dafür an, daß das in einer beliebig aus dem Ensemble herausgegriffenen Kopie des Systems zur Zeit t tatsächlich realisierte Feld $\varphi(x,t)$ in einer gewissen Umgebung $\mu(d\varphi)$ eines willkürlich vorgebbaren Testfeldes $\varphi(x)$ liegt:

$$\|\varphi(x,t)-\varphi(x)\| \leq \mu(d\varphi).$$

Unter $\|\ldots\|$ ist hierbei die Quadratnorm über R zu verstehen.

Das Grundmaß $\mu(d\varphi)$ des Funktionenraumes Ω soll stets so gewählt werden, daß alle physikalisch möglichen Felder $\varphi(x)$ in gleicher Weise bewichtet, alle mathematisch denkbaren aber physikalisch nicht realisierbaren Felder ausgeschlossen werden.

Das Wahrscheinlichkeitsfunktional f muß einer verallgemeinerten Liouville-Gleichung genügen:

(5) $$i\partial_t f = Lf$$

(6) $$L = -i\int_R dx \frac{\delta}{\delta\varphi_j, x}(Q_j[\varphi]\ldots)$$

L ist der "Liouville-Operator" des Systems, $\delta/\delta\varphi_j, x$ bedeutet die Funktionalableitung nach dem Feld φ_j genommen an der Stelle x. (VOLTERRA [5], S. 23]. Die Gleichung (5) folgt aus der Tatsache, daß Phasenpunkte während ihrer Bewegung in Ω weder erzeugt noch vernichtet werden und aus den Feldgleichungen (1). Sie kann auch durch Fourier-Transformation der zu (1) gehörenden "Hopfschen-Gleichung" für das charakteristische Funktional Φ der Verteilung f gewonnen werden (HOPF [2]).

Wir betrachten nun einen Satz von Funktionalen A der Felder φ:

$$A[\varphi] = (A_1[\varphi]\ldots A_N[\varphi]).$$

Die Funktionale mögen die Darstellung besitzen:

(7) $$A_k = \frac{1}{r}\int_r dx\, \alpha_k(\varphi, \partial_l\varphi, \ldots) \qquad k = 1\ldots N, \quad r\subset R, \quad l = 1,2,3,$$

Die α_k seien rationale Funktionen ihrer Argumente.

Beispiel: $\varphi_o = \rho$, $\alpha_1 = \varphi_o$, $A_1\ldots$ mittlere Dichte im Gebiet r.

Beispiel 2: $\varphi_\alpha = v_\alpha$, $\alpha = 1,2,3$, $\alpha_2 = \nu(\partial_\alpha v_\beta + \partial_\beta v_\alpha)^2$
$A_2\ldots$ Energie, die pro Zeit und Masseneinheit durch innere Reibung in Wärme verwandelt wird.

Wir bezeichnen die Wahrscheinlichkeit dafür, daß der Wert der Funktionale A in einer beliebig aus dem Ensemble zur Zeit t herausgegriffenen Kopie des Systems in der Umgebung eines vorgegebenen reellen Parameters a liegt

mit

$$a_k < A_k[\varphi(x,t)] \leq a_k + da_k \qquad k = 1 \dots N$$

(8) $$g(a,t)da \qquad a = (a_1 \dots a_n), \qquad da = \prod_j^N da_j .$$

Zwischen f und g besteht die Beziehung

(9) $$g(a,t) = \int_\Omega \delta(A[\varphi]-a) f[\varphi,t] \mu(d\varphi)$$

mit

$$\delta(A[\varphi]-a) = \prod_k^N \delta(A_k[\varphi]-a_k).$$

Aus der Liouville-Gleichung (5) läßt sich eine geschlossene Gleichung für die Wahrscheinlichkeitsverteilung g ableiten. (ZWANZIG [6]). Dazu führen wir zunächst einen "Projektionsoperator" P_A ein:

(10) $$P_A B[\varphi] = W^{-1}(A[\varphi]) \int_\Omega \delta(A[\varphi']-A[\varphi]) B[\varphi'] \mu(d\varphi').$$

Hier ist

(11) $$W(a) = \int_\Omega \delta(A[\varphi]-a) \mu(d\varphi)$$

die "Strukturfunktion" der Funktionale A im Raum Ω über dem Grundmaß $\mu(d\varphi)$ und $B[\varphi]$ irgend ein reguläres Funktional der Felder φ.

Der Operator P_A ist linear und zeitunabhängig, ferner genügt er der Beziehung $P_A^2 = P_A$.

Die Beziehung (9) läßt sich mit (10) in der Form

(9a) $$g(a,t) = W(a) P_\alpha f[\varphi,t]$$

schreiben.

Man wende nun die beiden Operatoren

$$P_A , \; 1-P_A$$

auf (5) an. Setzt man zur Abkürzung

(12a) $$P_A f = f_A[\varphi, t]$$

(12b) $$(1-P_A) f = f^A[\varphi, t],$$

so erhält man folgende Gleichungen:

(13a) $$i\partial_t f_A = P_A \Omega (f_A + f^A)$$

(13b) $$i\partial_t f^A = (1-P_A)\Omega(f_A + f^A)\;.$$

Löst man (13b) nach f^A auf und setzt das Ergebnis in die Gleichung (13a) ein, so erhält man die Beziehung

(14) $$i\,\partial_t f_A[\varphi, t] = P_A \Omega\, e^{-it(1-P_A)\Omega} f^A[\varphi, o] + P_A \Omega f_A[\varphi, t]$$
$$-i\int_o^t ds\, P_A \Omega\, e^{-i(t-s)(1-P_A)\Omega}(1-P_A)\Omega f_A[\varphi, s].$$

Nun setzt man auf der linken Seite dieser Gleichung die aus (9a), (10) und (12a) folgende Darstellung für f_A:

(15a) $$f_A[\varphi, t] = g(A[\varphi], t)/\,W(A[\varphi]),$$

auf der rechten Seite die Darstellung

(15b) $$f_A[\varphi, s] = \int_{-\infty}^{\infty} da'\,\delta(a'-A[\varphi])g(a', s)/\,W(a')$$

ein und betrachtet die Gleichung im Unterraum $\omega_a : A[\varphi] = a$ von Ω. Ferner wählen wir die Anfangsverteilung

(16) $$f[\varphi, o] = g(A[\varphi], o)/\,W(A[\varphi]),$$

d.h.

$$f[\varphi, o] = f_A[\varphi, o]$$

$$f^A[\varphi, o] = o.$$

Dies ist immer dann gerechtfertigt, wenn man zur Zeit $t = o$ nicht den genauen Verlauf der Felder $\varphi(x, o)$ sondern nur die statistische Verteilung der Werte der

Funktionale A kennt. Aus (14) folgt mit (15a, b), (16) nach einigen Umformungen(ZWANZIG [6]):

(17) $$\partial_t g(a,t) + \partial_j (v_j(a) g(a,t)) = \int_0^t ds \partial_j W(a) K_{jk}(a,a',t-s) \partial'_k \frac{g(a',s)}{W(a')} .$$

Bezeichnungen:

(18a) $$v_j(a) = i \int_\Omega \delta(A[\varphi]-a)(\mathfrak{L}^+ A_j)\mu(d\varphi)$$

(18b) $$K_{jk}(a,a',t) = \int_\Omega \delta(A[\varphi]-a)(\mathfrak{L}^+ A_j) e^{-it(1-P_A)\mathfrak{L}} (1-P_A)(\mathfrak{L}^+ A_k)\delta(A-a')\mu(d\varphi)$$

$$\partial_j = \partial / \partial a_j , \quad \partial_t = \partial / \partial t$$

$\mathfrak{L}^+$ ... *adjungierter* Operator zu $\mathfrak{L}$; Summenkonvention.

Die "Master-Gleichung" (17) ist eine exakte, lineare Integro-Differentialgleichung für die Wahrscheinlichkeitsverteilung g. Sie hat die Form einer Bilanzgleichung. Der Produktionsterm hängt von der ganzen Vorgeschichte des Systems und vom Verlauf von g im ganzen a-Raum ab.

Bei der Behandlung konkreter Probleme ist man praktisch gezwungen, anstelle von (17) gewisse Näherungen an diese Gleichung zu verwenden. Als solche bieten sich an:

1) Die Näherung für "langsame Prozesse".

Die Funktionale A genügen der Heisenbergschen Bewegungsgleichung

(19) $$i \partial_t A[\varphi(x,t)] = \mathfrak{L}^+ A[\varphi(x,t)] .$$

Faßt man K_{jk} als Funktion der $\dot{A}$ auf, so gilt die Potenzreihenentwicklung

(20) $$K_{jk}(a,a',t) = K_{jk}(a,t)\delta(a'-a) + O(\dot{A}^3)$$

$$K_{jk}(a,t) = \int_\Omega (\mathfrak{L}^+ A_j)\delta(A-a)(a-P_A) e^{-it\mathfrak{L}} (\mathfrak{L}^+ A_k)\mu(d\varphi) = O(\dot{A}^2).$$

Für langsame Prozesse, als z. B. Relaxationsprozesse in der Umgebung von stationären Zuständen, kann man in K_{jk} Terme $O(\dot{A}^3)$ gegenüber Termen $O(\dot{A}^2)$ vernachlässigen.

Dann folgt aus (17) mit (20)

$$\partial_t g(a,t) + \partial_j (v_j g) = \int_0^t ds\, \partial_j\, W K_{jk}(a,t-s)\, \partial_k \frac{g(a,s)}{W(a)} \tag{21}$$

2) Die Markoffsche Näherung.

Ändert sich die Verteilung $g(a,s)$ bei konstantem a nur langsam in der Zeit im Vergleich zu $K_{jk}(a,t-s)$, so kann man für den Produktionsterm in (21) folgende Näherung verwenden:

$$\int_0^t ds\, \partial_j W K_{jk}(a,s) \partial_k \frac{g(a,t-s)}{W(a)} \simeq \int_0^\infty ds\, \partial_j W K_{jk}(a,s) \partial_k \frac{g(a,t)}{W(a)} = \partial_j W K_{\infty jk}(a) \partial_k \frac{g(a,t)}{W(a)} \tag{22}$$

$$K_{\infty jk}(a) = i \int_\Omega \delta(A[\varphi]-a)(\mathfrak{L}^+ A)(a-P_A) A \mu(d\varphi).$$

Aus (21) folgt mit (22)

$$\partial_t g(a,t) + \partial_j (v_j g) = \partial_j\, W(a) K_{\infty j k}(a)\, \partial_k (g(a,t)/W(a)). \tag{23}$$

Diese Gleichung hat die Struktur einer Fokker-Planck-Gleichung für die Diffusion eines Partikels im a-Raum unter dem Einfluß ortsabhängiger "äußerer Kräfte" und ortsabhängiger "Diffusionskonstanten".

Die Gleichung (17) bzw. ihre Approximationen (21) und (23) können dazu dienen, turbulente Strömungen numerisch zu untersuchen (W. KOLLMANN und J. KELLER [3]), den Gültigkeitsbereich phänomenologischer Ansätze in der Turbulenztheorie zu prüfen (BATCHELOR [1]) und neue Ansätze systematisch zu entwickeln. Im Hinblick auf die zahlreichen praktischen Anwendungsmöglichkeiten dieser Gleichungen wäre es aber wünschenswert, analytische und numerische Verfahren zu ihrer Lösung systematisch zu entwickeln.

Verfasser dankt Herrn Dr. W. KOLLMANN für Diskussion.

* * *

LITERATUR

1. Batchelor, G.K.: The theory of homogeneous turbulence. Cambridge, Univ. Press 1967.
2. Hopf, E.: J. Rational Mech. Analysis 1, /87 (1952), 2/587 (1953).
3. Kollmann, W. und J. Keller: Ein Beitrag zur Theorie der Couette-Strömung. (In Vorbereitung, 1972).
4. Meixner, J. und H.G. Reik: Artikel im Handbuch der Physik. S. Flügge (Ed) Bd. III/2, Springer, Berlin (1959), S. 413.
5. Volterra, V.: Theory of Functionals. Blackie and Son, London, 1930.
6. Zwanzig, R.: Phys. Rev. 124/983 (1961), Physics 30/1109 (1964).

A MODIFICATION OF THE SHOOTING METHOD FOR TWO-POINT BOUNDARY VALUE PROBLEMS

by J. D. Lambert in Dundee

1. INTRODUCTION

The well-known shooting method for the numerical solution of the two-point boundary value problem $y'' = f(x, y, y')$, $y(a) = A$, $y(b) = B$, is sometimes referred to as "the garden hose method". Suppose one holds the nozzle of a garden hose at the point (a, A) with the object of hitting, with the jet of water, a distant target at (b, B). Trial and error attempts to establish the correct angle at which to point the nozzle then constitute an analogue of the conventional shooting method. There is, however, another practical possibility. One can walk right up to the target, point the nozzle directly at it, and then retreat to the point (a, A), meanwhile continuously altering the angle of the nozzle so that the water continues to play on the target. This is the analogue of the method to be described. Note that it is not necessary to retreat along the final trajectory of the jet! One can retreat along any path joining (b, B) to (a, A).

The technique can be regarded as a method in its own right, but, since it is of limited accuracy, it is probably more useful as a device for obtaining good initial estimates for $y'(a)$, necessary for the successful implementation of the conventional shooting method.

2. THE ALGORITHM FOR A MODEL PROBLEM

We shall develop the algorithm for the model problem

(1) $$y'' = f(x,y), \quad y(a) = A, \quad y(b) = B,$$

where we shall assume that $\partial f/\partial y$ is continuous and positive for all $x \in [a,b]$, $y \in (-\infty, \infty)$. Extensions to more general boundary value problems will be considered in a later section.

Let $\Phi(x)$ be a given arbitrary continuous function satisfying the boundary conditions given in (1), namely $\Phi(a) = A$, $\Phi(b) = B$, and let $\{x_j \mid x_j = jh,\ j = 0, 1, \dots, n\}$ be a set of grid points, where $x_n = b$. We denote by $y^{(j)}(x)$ the solution of the boundary value problem

$$y^{(j)''} = f(x, y^{(j)}), \quad y^{(j)}(x_j) = \Phi(x_j), \quad y^{(j)}(b) = \Phi(b) = B,$$

and define s_j to be $y^{(j)\prime}(x_j)$. (See Figure 1.) Note that $y^{(0)}(x)$ coincides with the theoretical solution $y(x)$ of (1), so that $s_0 = y'(0)$ is the initial slope for which we seek a good estimate.

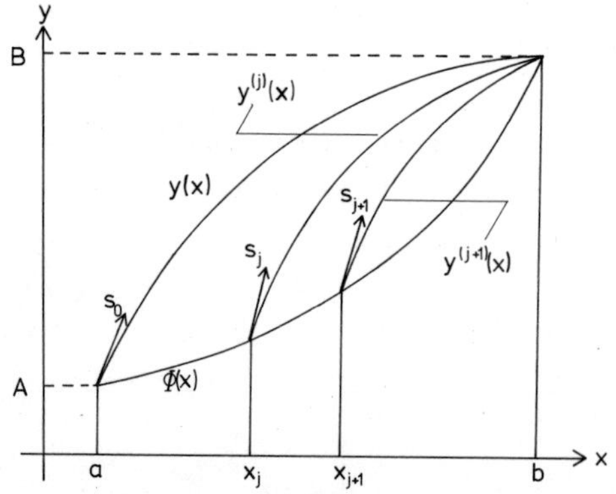

Figure 1

Finally, let $Y^{(j)}(x) = y^{(j+1)}(x) - y^{(j)}(x)$. By Taylor expansion, we have

$$y^{(j+1)}(x_j) = y^{(j+1)}(x_{j+1}) - hy^{(j+1)\prime}(x_{y+1}) + \tfrac{1}{2}h^2 y^{(j+1)''}(x_{j+1}) + O(h^3)$$

$$= \Phi(x_{j+1}) - hs_{j+1} + \tfrac{1}{2}h^2 f(x_{j+1}, \Phi(x_{j+1})) + O(h^3).$$

Since $y^{(j)}(x_j) = \Phi(x_j)$, we have, on subtracting, that

(2) $$Y^{(j)}(x_j) = \Delta\,\Phi(x_j) - hs_{j+1} + \frac{1}{2}h^2 f(x_{j+1},\ \Phi(x_{j+1})) + O(h^3).$$

Similarly, we may write

$$y^{(j)}(x_{j+1}) = y^{(j)}(x_j) + hy^{(j)\prime}(x_j) + \frac{1}{2}h^2 y^{(j)\prime\prime}(x_j) + O(h^3)$$

$$= \Phi(x_j) + hs_j + \frac{1}{2}h^2 f(x_j,\ \Phi(x_j)) + O(h^3),$$

and

$$y^{(j+1)}(x_{j+1}) = \Phi(x_{j+1}),$$

whence

(3) $$Y^{(j)}(x_{j+1}) = \Delta\,\Phi(x_j) - hs_j - \frac{1}{2}h^2 f(x_j,\ \Phi(x_j)) + O(h^3).$$

Moreover, it is evident that

(4) $$Y^{(j)}(b) = 0.$$

Thus we have values for the function $Y^{(j)}(x)$ at three distinct values of x, namely x_j, x_{j+1}, and b. Now,

$$Y^{(j)\prime\prime}(x) = y^{(j+1)\prime\prime}(x) - y^{(j)\prime\prime}(x)$$

$$= f(x, y^{(j+1)}(x)) - f(x, y^{(j)}(x)).$$

If we approximate the right hand side by $\lambda_j Y^{(j)}(x)$, where λ_j is an estimate for $\partial f/\partial y$ dependent on j, but not on x, then $Y^{(j)}(x)$ satisfies the approximate equation

(5) $$Y^{(j)\prime\prime}(x) = \nu_j^2 Y^{(j)}(x), \qquad \nu_j^2 = \lambda_j > 0.$$

In practice, we shall choose λ_j to be $\frac{\partial f}{\partial y}(x_j,\ \Phi(x_j))$, or possibly $\frac{\partial f}{\partial y}(\frac{1}{2}(b+x_j),\ \Phi(\frac{1}{2}(b+x_j)))$. The general solution of (5) is

(6) $$Y^{(j)}(x) = \alpha \cosh \nu_j x + \beta \sinh \nu_j x.$$

Substituting this solution into (2), (3), and (4), ignoring the $O(h^3)$ terms and eliminating the arbitrary constants α and β leads, after a straightforward calculation, to the following recurrence relation for $\{s_j\}$:

(7) $$s_j = \mu_j s_{j+1} + (1-\mu_j) D\Phi_j - \frac{1}{2} h(f_j + \mu_j f_{j+1})$$

where

(8) $$\mu_j = \frac{\sinh[\nu_j(x_{j+1}-b)]}{\sinh[\nu_j(x_j-b)]}, \quad \nu_j^2 = \frac{\partial f}{\partial y}(x_j, \Phi(x_j))$$

and

(9) $$D\Phi_j = [\Phi(x_{j+1}) - \Phi(x_j)]/h, \; f_j = f(x_j, \Phi(x_j))$$

It would be appropriate to choose $s_n = \Phi'(b)$, but it is not necessary to make any choice for s_n; it follows from (8) that $\mu_{n-1} = 0$, so that (7) defines s_{n-1} uniquely no matter what choice we make for s_n. Thus (7), (8), and (9) define the sequence $\{s_j, \; j = n-1, n-2, \ldots, 1, 0\}$ recursively, and the required estimate s_0 is found.

3. EXTENSIONS

1) If, for any x_j, $\frac{\partial f}{\partial y}(x_j, \Phi(x_j))$ is negative or zero, then (8) is replaced, respectively, by

$$\mu_j = \frac{\sin[\nu_j(x_{j+1}-b)]}{\sin[\nu_j(x_j - b)]}, \quad \nu_j^2 = -\frac{\partial f}{\partial y}(x_j, \Phi(x_j))$$

or

$$\mu_j = \frac{x_{j+1} - b}{x_j - b} .$$

2) The more general boundary value problem

$$y'' = f(x, y), \quad y(a) = A, \quad b_0 y(b) + b_1 y'(b) = B$$

can be similarly treated. In the case when $\frac{\partial f}{\partial y}(x, \Phi(x))$ is positive for all $x \in [a,b]$, the recursion is given by (7) and (9), (8) being replaced by

$$\mu_j = \frac{b_0 \sinh[\nu_j(x_{j+1}-b)] - \nu_j b_1 \cosh[\nu_j(x_{j+1}-b)]}{b_0 \sinh[\nu_j(x_j-b)] - \nu_j b_1 \cosh[\nu_j(x_j-b)]}, \quad \nu_j^2 = \frac{\partial f}{\partial y}(x_j, \Phi(x_j)).$$

Obvious modifications are made in the case when $\frac{\partial f}{\partial y}(x_j, \Phi(x_j))$ is negative or zero.

Note that it is no longer true that μ_{n-1} is zero, so that it is now necessary to make the choice $s_n = \Phi'(b)$ in order to define the sequence $\{s_j\}$. Note also that the arbitrary function $\Phi(x)$ no longer necessarily coincides with the solution of the boundary value problem at $x = b$, but must be chosen to satisfy the conditions

$$\Phi(a) = A, \quad b_0 \Phi(b) + b_1 \Phi'(b) = B.$$

The case of the boundary conditions $y(a) = 0$, $y'(b) = 0$ is illustrated in Figure 2.

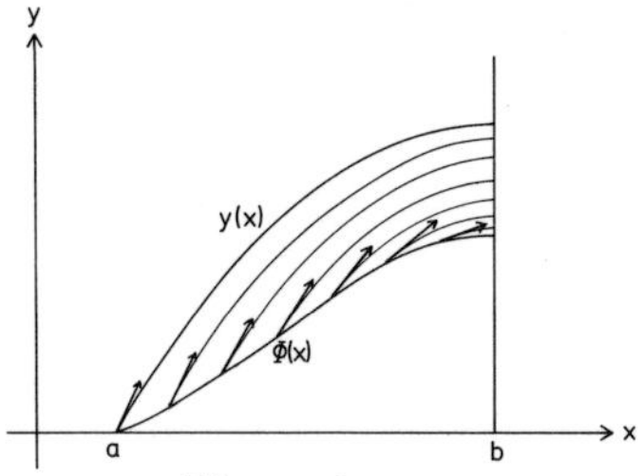

Figure 2

It is not practicable to handle mixed boundary conditions at both ends, other than iteratively.

3) The more general equation $y'' = f(x,y,y')$ can be treated in a similar manner. In the case when the boundary conditions are $y(a) = A$, $y(b) = B$, the algorithm is:

(7)	$s_j = \mu_j s_{j+1} + (1-\mu_j) D\Phi_j - \frac{1}{2} h(f_j + \mu_j f_{j+1})$
(8')	$\mu_j = \dfrac{exp[r_j^{(1)}(x_{j+1} - b)] - exp[r_j^{(2)}(x_{j+1} - b)]}{exp[r_j^{(1)}(x_j - b)] - exp[r_j^{(2)}(x_j - b)]}$ $r_j^{(1)}, r_j^{(2)}$ the roots (assumed distinct) of $r^2 - \sigma_j r - \lambda_j = 0$ $\sigma_j = \frac{\partial f}{\partial y'}(x_{j+1}, \Phi(x_{j+1}), s_{j+1}), \quad \lambda_j = \frac{\partial f}{\partial y}(x_{j+1}, \Phi(x_{j+1}), s_{j+1})$
(9')	$D\Phi_j = [\Phi(x_{j+1}) - \Phi(x_j)]/h, \quad f_j = f(x_j, \Phi(x_j), s_j)$

It follows from the last line of (9') that the recursion for $\{s_j\}$ is, in general, now implicit. It will not be so, however, if the function f is linear in y'. Thus, the equation $y'' = y'^3 + y^2$ will lead to an implicit recursion, but the equation $y'' = y^2 y' + y^3$ will lead to an explicit one.

4) It is not essential to take the steplength h to be constant, and h may be replaced by $h_j = x_{j+1} - x_j$ in (7), (9) and (9'). It would appear to be advantageous to concentrate more points close to $x = b$.

4. NUMERICAL EXAMPLES

Example 1. $y'' = (e-1)^2 e^{2y}, \; y(0) = 0, \; y(1) = -1.$

The theoretical solution is $y(x) = -log[(e-1)x + 1]$, so that the exact initial slope is $1-e \approx 1.718$. Choose $\Phi(x) = -x$.

	x_j	.9	.8	.7	.6	.5	.4	.3	.2	.1	o
(i)	s_j	-1.o24	-1.o54	-1.o92	-1.139	-1.196	-1.266	-1.348	-1.443	-1.551	<u>-1.672</u>
(ii)	s_j	-1.o24	-1.o54	-1.o92	-1.139	-1.199	-1.272	-1.361	-1.47o	-1.6o1	<u>-1.759</u>

	x_j	.98	.94	.88	.8o	.7o	.6o	.48	.34	.18	o
(iii)	s_j	-1.oo4	-1.o13	-1.o29	-1.o53	-1.o91	-1.138	-1.2o9	-1.315	-1.468	<u>-1.683</u>

In cases (i) and (iii), λ_j was chosen to be $\frac{\partial f}{\partial y}(x_j, \Phi(x_j))$ and will be so chosen for Examples 2, 3, and 4. In case (ii), λ_j was chosen to be

$\frac{\partial f}{\partial y}(\frac{1}{2}(x_j+1), \Phi(\frac{1}{2}(x_j+1)))$.

Example 2. $y'' = 7x - y/(1+x^2)$, $y(0) = 0$, $y(1) = 2$.

The theoretical solution is $y(x) = x + x^3$, and the correct initial slope is $+1$. Choose $\Phi(x) = 2x$.

x_j	.9	.8	.7	.6	.5	.4	.3	.2	.1	0
s_j	1.7347	1.5028	1.3137	1.1651	1.0545	0.9795	0.9375	0.9266	0.9456	0.9952

Example 3. $y'' = \frac{e^{2x}}{1+y}$, $y(0) = 0$, $y(1) = e-1$.

The theoretical solution is $y(x) = e^x - 1$, and the correct initial slope is $+1$. Choose $\Phi(x) = (e-1)x$,

x_j	.9	.8	.7	.6	.5	.4	.3	.2	.1	0
s_j	1.5995	1.4946	1.4061	1.3304	1.2650	1.2073	1.1550	1.1056	1.0563	1.0036

Example 4. (HENRICI[1], p. 356) $y'' = -2 + \sinh y$, $y(0) = 0$, $y(1) = 0$.

By symmetry, the exact solution satisfies $y(x) = y(1-x)$, so that an equivalent problem is $y'' = -2 + \sinh y$, $y(0) = 0$, $y'(0.5) = 0$, an example of the type of problem considered in Extension 2) of section 3. We make two choices for $\Phi(x)$, $\Phi_I(x) = x(1-x)$ and $\Phi_{II}(x) = 0$. $\Phi_I(x)$ is "close" to the theoretical solution $y(x)$ while $\Phi_{II}(x)$ is not.

	x_j	.4	.3	.2	.1	0
I	s_j	.1753	.3532	.5360	.7259	.9246
II	s_j	.1995	.3950	.5831	.7605	.9251

Henrici finds a solution to this problem by the Newton method; the initial slope which generates this solution is .9231.

Finally, accepting the estimate *.9251* obtained above for the initial slope, the initial value problem $y'' = -2 + \sinh y$, $y(0) = 0$, $y'(0) = .9251$, is integrated numerically by the formula $y_{n+2} - 2y_{n+1} + y_n = h^2 f_{n+1}$ from $x = 0$ to $x = 1$, using a steplength of 0.1. The solution is compared below with Henrici's:

x	.1	.2	.3	.4	.5	.6	.7	.8	.9	1.0
y	.0827	.1461	.1911	.2180	.2270	.2184	.1919	.1474	.0844	.0022
y (Henrici)	.0825	.1458	.1905	.2172	.2260	-	-	-	-	-

* * *

REFERENCES

1. P. Henrici: Discrete variable methods in ordinary differential equations. John Wiley & Sons, 1962.

BEMERKUNGEN ZUR LAGRANGESCHEN FUNKTIONALDIFFERENTIALGLEICHUNG

von F. Lempio in Hamburg

§.1. EINLEITUNG

In [4] haben wir den Beweis einer Lagrangeschen Multiplikatorenregel skizziert für das folgende sehr allgemeine

1.1. OPTIMIERUNGSPROBLEM. *$f: X \to R$, $g_1: X \to Z_1$, $g_2: X \to Z_2$ seien Abbildungen eines reellen Banachraumes X in den Körper R der reellen Zahlen bzw. in reelle Banachräume Z_1 und Z_2. Y_1 sei ein konvexer Kegel in Z_1 mit dem Nullelement o_{Z_1} von Z_1 als Scheitel und nichtleerem topologischen Inneren $\overset{o}{Y}_1$, $y_2 \in Z_2$ sei fest gewählt. Minimiere $f(x)$ unter den Nebenbedingungen $x \in X$ und $g_1(x) \in Y_1$, $g_2(x) = y_2$!*

Die zugehörige Multiplikatorenregel lautet:

1.2. MULTIPLIKATORENREGEL. *x_o sei Optimallösung von 1.1., f und g_1 seien in x_o Fréchet-differenzierbar. g_2 sei in einer Umgebung von x_o Fréchet-differenzierbar und in x_o stetig Fréchet-differenzierbar.*

Dann existieren $l_o \geq o$ und zwei im Falle $l_o = o$ nicht zugleich identisch verschwindende reelle lineare Funktionale l_1 auf Z_1 und l_2 auf Z_2 mit $l_1(z) \geq o$ für alle $z \in Y_1$, $l_1(g_1(x_o)) = o$ und $l_o f'_{x_o}(h) = l_1(g'_{1\,x_o}(h)) + l_2(g'_{2\,x_o}(h))$ für alle $h \in X$.

Dabei heiße eine Abbildung $g: X \to Z$ eines Banachraumes X in den Banachraum Z Fréchet-differenzierbar in $x_o \in X$, falls es einen stetigen linearen Operator $g'_{x_o}: X \to Z$ gibt mit

$$\lim_{i\to\infty} \frac{1}{\|x_i - x_o\|} (g(x_i) - g(x_o) - g'_{x_o}(x_i - x_o)) = 0_Z$$

für jede gegen x_o konvergierende Folge

$$(x_i)_{i=1,2,3,\ldots} \qquad \text{aus} \quad X \setminus \{x_o\}.$$

Wir betonen, daß außer den angegebenen Differenzierbarkeitsvoraussetzungen keine Constraint Qualifications und keine Abgeschlossenheitsvoraussetzungen für gewisse Teilmengen des topologischen Dualraums von $R \times Z_1 \times Z_2$ erforderlich sind, vergleiche die Beweisskizze in [4].

In dieser Arbeit wollen wir Bedingungen angeben, unter denen die in 1.2. auftretenden Funktionale stetig sind und unter denen die reelle Zahl $l_o > o$ wählbar ist. In [5] werden wir dann die Beziehung herstellen zu den verschiedenen notwendigen Optimalitätskriterien in Approximationstheorie, Variationsrechnung und Steuerungstheorie und gleichzeitig den Zusammenhang mit der Dualitätstheorie verdeutlichen.

§ 2. STETIGKEIT DER LAGRANGE-FUNKTIONALE

Da das topologische Innere $\overset{o}{Y}_1$ von Y_1 nichtleer ist und unter den in 1.2. angegebenen Voraussetzungen für das reelle lineare Funktional l_1 auf Z_1 gilt

$$l_1(z) \geq o \qquad \text{für alle} \quad z \in Y_1,$$

ist l_1 nach [2] stetig auf Z_1.

Bevor wir das Lagrange-Funktional l_2 näher untersuchen, beweisen wir den

2.1. HILFSSATZ: *A sei eine stetige lineare Abbildung des reellen Banachraumes X auf den reellen Banachraum Z, L ein reelles stetiges lineares Funktional auf X und l ein reelles lineares Funktional auf Z. Gilt dann $l(A(x)) = L(x)$ für alle $x \in X$, so ist l stetig auf Z.*

Beweis: H sei der Nullraum von A und $\hat{X}$ der lineare Raum aller Restklassen von X *modulo* H. Da H abgeschlossen ist, ist $\hat{X}$ Banachraum mit der Norm

$$|||\hat{x}||| = \inf_{x \in \hat{x}} \|x\| \quad \text{für alle } \hat{x} \in \hat{X}. \text{ Dabei ist } \|\cdot\| \text{ die Norm in } X.$$

Nach dem Satz von Banach [6] besitzt der Operator $\hat{A} : \hat{X} \to Z$, der für alle $\hat{x} \in \hat{X}$ definiert ist durch $\hat{A}(\hat{x}) = A(x)$ mit einem $x \in \hat{x}$, eine stetige lineare Inverse $\hat{A}^{-1}$.

Ist also $(z_i)_{i \in N}$ eine gegen das Nullelement O_Z von Z konvergierende Folge in Z, so konvergiert die Folge

$$(\hat{x}_i)_{i \in N} = (\hat{A}^{-1}(z_i))_{i \in N} \qquad \text{in } \hat{X} \text{ gegen } H.$$

Wähle $x_i \in \hat{x}_i$ mit $\|x_i\| \leq 2 \, |||\hat{x}_i|||$. Dann gilt $\lim\limits_{i \to \infty} x_i = O_X$, und aus der Funktionalgleichung $l(A(x)) = L(x)$ für alle $x \in X$ und der Stetigkeit von L folgt

$$\lim_{i \to \infty} l(z_i) = \lim_{i \to \infty} l(A(x_i)) = \lim_{i \to \infty} L(x_i) = L(\lim_{i \to \infty} x_i) = L(O_X) = l(O_Z) = l(\lim_{i \to \infty} z_i).$$

Also ist l in O_Z und damit auf Z stetig.

Wir setzen nun

$L(h) = l_0 f'_{x_0}(h) - l_1(g_1'{}_{x_0}(h))$ für alle $h \in X$, $Z = g_2'{}_{x_0}(X)$,

$A(h) = g_2'{}_{x_0}(h)$ für alle $h \in X$ und l gleich der Restriktion von l_2 auf Z.

Ist dann $g_2'{}_{x_0}(X)$ abgeschlossen in Z_2, so ist Z Banachraum, und aus 1.2. und 2.1. folgt unmittelbar der

2.2. SATZ: *Das in* 1.2. *auftretende Lagrange-Funktional* l_1 *ist stetig. Ist* $g_2'{}_{x_0}(X)$ *abgeschlossen, so ist die Restriktion von* l_2 *auf* $g_2'{}_{x_0}(X)$ *stetig.*

Ist die Restriktion von l_2 auf $g_2'{}_{x_0}(X)$ stetig, so besitzt sie nach [2] eine stetige Fortsetzung auf ganz Z_2. Diese Fortsetzung könnte im Falle $l_0 = o$, $l_1 \equiv o$ nur dann in 1.2. als stetiges Lagrange-Funktional statt l_2 verwendet werden, wenn sie nicht identisch gleich o ist. Ist aber $g_2'{}_{x_0}(X)$ abgeschlossen und ungleich Z_2, so werden wir von vornherein $l_o = o$, $l_1 \equiv o$ setzen und für l_2 ein stetiges reelles lineares Funktional auf Z_2 wählen, das nicht identisch gleich o ist, aber auf $g_2{}'_{x_o}(X)$ verschwindet. Nach [6] ist das stets möglich. Damit erhalten wir das

2.3. KOROLLAR. *Ist $g_2{}'_{x_o}(X)$ abgeschlossen, so sind die Lagrange-Funktionale l_1 und l_2 in* 1.2. *stetig wählbar.*

Für den Fall, daß in 1.1. nur eine Operatorgleichung als Nebenbedingung auftritt - man setze etwa $Y_1 = Z_1$ -, erhalten wir also genau die Ergebnisse in [6]. Ist in diesem Falle nämlich $g_2{}'_{x_o}$ eine Abbildung auf Z_2, so ist die Slater-Bedingung 3.1. trivialerweise erfüllt, d.h. es ist $l_o > o$ wählbar.

Treten in 1.1. gar keine Operatorgleichungen als Nebenbedingungen auf - man setze etwa $Z_2 = \{o_{Z_2}\}$ -, so ließen sich die Differenzierbarkeitsvoraussetzungen für $g_1^{\cdot}$ noch abschwächen, und wir erhalten eine Variante des bekannten Satzes von JOHN [1].

§ 3. SLATER-BEDINGUNG

In [3] haben wir für ein sehr allgemeines Optimierungsproblem die Gültigkeit eines Maximumprinzips nachgewiesen, das im Spezialfall 1.1. die Gestalt unserer Multiplikatorenregel 1.2. annimmt. Allerdings mußten wir in [3] noch das Erfülltsein einer Constraint Qualification in Form einer Regularitätsbedingung voraussetzen, auf die wir in der vorliegenden Arbeit verzichten konnten. Unabhängig hiervon läßt sich die in [3] durchgeführte Untersuchung, wann $l_o > o$ wählbar ist, auf unser Optimierungsproblem 1.1. und die Multiplikatorenregel 1.2. übertragen. Das Resultat ist eine verallgemeinerte Slater-Bedingung, die wir im folgenden kurz herleiten.

Gilt die Multiplikatorenregel 1.2. mit $l_o = o$, so existieren offenbar reelle lineare Funktionale l_1 auf Z_1 und l_2 auf Z_2, die nicht beide identisch verschwinden, mit

$$l_1(g_1(x_o)) + l_2(g_2(x_o)) + l_1(g_1{}'_{x_o}(h)) + l_2(g_2{}'_{x_o}(h)) \leq l_1(y_1) + l_2(y_2)$$

für alle $h \in X$ und alle $y_1 \in Y_1$,

d.h. die beiden Teilmengen von $Z_1 \times Z_2$

$$A = (g_1(x_o)\ ,\ g_2(x_o)) + \{(g_1{}'_{x_o}(h),\ g_2{}'_{x_o}(h)) : h \in X\}$$

und $B = Y_1 \times \{y_2\}$ sind durch eine Hyperebene trennbar.

Setzen wir also voraus, daß die algebraische Differenz $A-B$ dieser beiden Mengen nicht in einer Hyperebene von $Z_1 \times Z_2$ gelegen ist und daß ein $h \in X$ existiert mit

$$g_1(x_o) + g_1{}'_{x_o}(h) \in \overset{o}{Y}_1 \quad \text{und} \quad g_2(x_o) + g_2{}'_{x_o}(h) = y_2,$$

so ist notwendig $l_o > o$. Dann ist nämlich $O_{Z_1 \times Z_2}$ algebraisch innerer Punkt von $A-B$, d.h. A und B sind nach [2] nicht durch eine Hyperebene trennbar.

Da $A-B$ genau dann nicht in einer Hyperebene von $Z_1 \times Z_2$ liegt, wenn $g_2{}'_{x_o}$ eine Abbildung von X auf Z_2 ist, erhalten wir also die folgende

3.1. SLATER-BEDINGUNG. *Ist über die Voraussetzungen in* 1. 2. *hinaus* $g_2{}'_{x_o}$ *eine Abbildung von* X *auf* Z_2, *so sind die Lagrange-Funktionale* l_1 *und* l_2 *stetig. Existiert überdies ein* $h \in X$ *mit*

$$g_1(x_o) + g_1{}'_{x_o}(h) \in \overset{o}{Y}_1 \quad \textit{und} \quad g_2(x_o) + g_2{}'_{x_o}(h) = y_2,$$

so ist $l_o > o$.

* * *

LITERATUR

1. John, F.: Extremum Problems with Inequalities as Subsidiary Conditions. Studies and Essays, Courant Anniversary Volume, New York 1948, 187-204, Interscience Publishers.

2. Köthe, G.: Topologische lineare Räume I, 2. Aufl., Berlin-Heidelberg-New York 1966, Springer-Verlag.

3. Lempio, F.: Differenzierbare Optimierung mit unendlich vielen Nebenbedingungen. Oper. Research Verfahren XII/XIII (1972), 265-273.

4. Lempio, F.: Positive Lösungen unendlicher Gleichungs- und Ungleichungssysteme und Lagrange-Multiplikatoren für infinite differenzierbare Optimierungsprobleme. ZAMM 53 (1973), 61-62.

5. Lempio F.: Anwendungen der Lagrangeschen Multiplikatorenregel auf Approximations-, Variations- und Steuerungsprobleme. In diesem Band.

6. Luenberger, D.G.: Optimization by Vector Space Methods. New York-London-Sydney-Toronto 1969, John Wiley and Sons, Inc. .

ISNM 19 Birkhäuser Verlag, Basel und Stuttgart, 1974

ANWENDUNGEN DER LAGRANGESCHEN MULTIPLIKATORENREGEL AUF APPROXIMATIONS-, VARIATIONS- UND STEUERUNGSPROBLEME

von F. Lempio in Hamburg

§ 1. EINLEITUNG

Wir wollen einige Funktionalgleichungs- und Funktionalungleichungssysteme vorstellen, die sich bei der Behandlung infiniter Optimierungsprobleme ergeben. Dabei werden wir keine Verfahren zur Lösung dieser Systeme angeben können, weil es solche Verfahren in der benötigten Allgemeinheit noch nicht gibt.
Wir werden vielmehr versuchen, diese Systeme im Rahmen einer einheitlichen Theorie aus einer allgemeinen Funktionaldifferentialgleichung für infinite Optimierungsprobleme herzuleiten. Wir hoffen, hierdurch ein wenig auf die Bedeutung von numerischen Verfahren insbesondere zur Lösung von Differentialungleichungssystemen aufmerksam machen zu können, die für Variations- und Steuerungsprobleme von größter Wichtigkeit sind.
Wir gehen dabei aus von dem sehr allgemeinen

1.1. OPTIMIERUNGSPROBLEM. *$f: X \to R$ bzw. $g_1: X \to Z_1$ und $g_2: X \to Z_2$ seien Abbildungen eines reellen Banachraumes X in den Körper R der reellen Zahlen bzw. in reelle Banachräume Z_1 und Z_2. Y_1 sei ein konvexer Kegel in Z_1 mit dem Nullelement 0_{Z_1} von Z_1 als Scheitel und nichtleerem topologischen Inneren $\overset{\circ}{Y}_1$, $y_2 \in Z_2$ sei fest gewählt. Minimiere $f(x)$ unter den Nebenbedingungen $x \in X$, $g_1(x) \in Y_1$, $g_2(x) = y_2$!*

Für dieses Problem gilt die folgende

1.2. MULTIPLIKATORENREGEL. *x_o sei Optimallösung von* 1.1., *f und g_1 seien in x_o Fréchet-differenzierbar, g_2 sei in einer Umgebung von x_o Fréchet-differenzierbar und in x_o stetig Fréchet-differenzierbar.*
Dann gibt es eine reelle Zahl $l_o \geq o$ und zwei im Falle $l_o = o$ nicht zugleich identisch verschwindende reelle lineare Funktionale l_1 auf Z_1 und l_2 auf Z_2 mit

$$l_1(y) \geq o \text{ für alle } y \in Y_1, \quad l_1(g_1(x_o)) = o \quad \text{und}$$

$$l_1(g_1'{}_{x_o}(h)) + l_2(g_2'{}_{x_o}(h)) = l_o f'{}_{x_o}(h) \quad \text{für alle } h \in X.$$

l_1 ist stetig auf Z_1. Ist $g_2'{}_{x_o}(X)$ abgeschlossen, so ist die Restriktion von l_2 auf $g_2'{}_{x_o}(X)$ stetig.
Ist insbesondere $g_2'{}_{x_o}$ eine Abbildung von X auf Z_2 und existiert ein $h \in X$ mit

$$g_1(x_o) + g_1'{}_{x_o}(h) \in \overset{o}{Y}_1 \quad \text{und} \quad g_2(x_o) + g_2'{}_{x_o}(h) = y_2,$$

so ist $l_o > o$.

Den Beweis für die Gültigkeit der in 1.2. enthaltenen Funktionaldifferentialgleichung haben wir in [4] skizziert. Die Frage, wann die Lagrange-Funktionale l_1 und l_2 stetig sind und wann $l_o > o$ wählbar ist, wurde in [5] untersucht. Da außer den Differenzierbarkeitseigenschaften in 1.2. keinerlei Constraint Qualification und keine Abgeschlossenheitsvoraussetzungen für gewisse Teilmengen des Dualraumes von $R \times Z_1 \times Z_2$ erforderlich sind, stellt sich also zusammen mit 1.1. in ganz natürlicher Weise das folgende

1.3. HILFSPROBLEM. *f und g_1 seien Fréchet-differenzierbar, g_2 sei stetig Fréchet-differenzierbar. Bestimme $x_o \in X$, eine reelle Zahl $l_o \geq o$, ein im Sinne der durch Y_1 auf dem Dualraum von Z_1 induzierten Ordnung nichtnegatives reelles lineares Funktional l_1 auf Z_1 und ein reelles lineares Funktional l_2 auf Z_2 derart, dass nicht zugleich $l_o = o$, l_1 identisch o und l_2 identisch o ist und dass gilt*

$$g_1(x_o) \in Y_1, \quad g_2(x_o) = y_2,$$
$$l_1(g_1(x_o)) = o,$$
$$l_1(g_1'{}_{x_o}(h)) + l_2(g_2'{}_{x_o}(h)) = l_o f'{}_{x_o}(h) \quad \text{für alle } h \in X!$$

Ist (x_o, l_o, l_1, l_2) Lösung von 1.3., so nennen wir x_o in Anlehnung an den für Variations- und Steuerungsprobleme üblichen Sprachgebrauch Extremale von 1.1. . Nach 1.2. ist unter den angegebenen Differenzierbarkeitsvoraussetzungen jede Optimallösung von 1.1. auch Extremale von 1.1. . Die umgekehrte Frage, wann eine Extremale auch Optimallösung von 1.1. ist, können wir hier nicht erörtern. Wir wollen vielmehr die Operator- und Funktionalgleichungs- und -ungleichungssysteme, denen solch eine Extremale genügen muß, für einige speziellere infinite Optimierungsprobleme aus Approximationstheorie, Variationsrechnung und Steuerungstheorie explizit angeben.

§ 2. NICHTLINEARE TSCHEBYSCHEFF-APPROXIMATION

Wir spezialisieren das Optimierungsproblem 1.1. auf den Fall eines typischen Approximationsproblems.

2.1. APPROXIMATIONSPROBLEM. *B sei ein kompakter Teil des R^m, ψ eine Abbildung des R^n in den Banachraum $C(B)$ aller stetigen reellwertigen Funktionen auf B und $w \in C(B)$ fest vorgegeben.*
Minimiere die reelle Zahl r unter den Nebenbedingungen $(r,a) \in R^{n+1}$ und

$$r-(\psi(a)(t) - w(t))^2 \geq o \quad \textit{für alle} \quad t \in B!$$

Mit $X = R^{n+1}$, $Z_1 = C(B)$, $Z_2 = \{o_{Z_2}\}$,

$$Y_1 = \{v \in C(B) : v(t) \geq o \quad \textit{für alle } t \in B\}, f(r,a) = r, \; g_1(r,a)(t) = r-(\psi(a)(t)-w(t))^2$$

für alle $(r,a) \in R^{n+1}$ und alle $t \in B$
liegt genau ein Problem der Gestalt 1.1. vor, und zwar das Problem, in der Teilmenge $\psi(R^n)$ von $C(B)$ dasjenige Element $\psi(a_o)$ zu finden mit

$$r_o = \|\psi(a_o)-w\|_\infty^2 = \max_{t\in B} (\psi(a_o)(t)-w(t))^2 = \inf_{a\in R^n} \|\psi(a)-w\|_\infty^2.$$

Versehen wir den R^{n+1} etwa mit der euklidischen Vektornorm $\|\cdot\|$, $C(B)$ mit obiger Maximumnorm $\|\cdot\|_\infty$, so ist $\mathring{Y}_1$ nicht leer und g_1 Fréchet-differenzierbar in (r_o, a_o), falls ein stetiger linearer Operator $g_1'(r_o, a_o): R^{n+1} \to C(B)$

existiert mit

$$\lim_{i\to\infty} \frac{1}{\|x_i-(r_o,a_o)\|} \|g_1(x_i)-g_1(r_o,a_o)-g_1'{}_{(r_o,a_o)}(x_i-(r_o,a_o))\|_\infty = o$$

für jede gegen (r_o,a_o) konvergierende Folge

$$(x_i)_{i=1,2,\ldots} \text{ aus } R^{n+1}\setminus\{(r_o,a_o)\}.$$

Für solch eine Folge und alle $t \in B$ gilt dann auch

$$\lim_{i\to\infty} \frac{1}{\|x_i-(r_o,a_o)\|} |g_1(x_i)(t)-g_1(r_o,a_o)(t)-g_1'{}_{(r_o,a_o)}(x_i-(r_o,a_o))(t)| = o.$$

Existieren also für jedes feste $t \in B$ und $j = 1,\ldots,n$ die partiellen Ableitungen $\frac{\partial}{\partial a_j}\psi(a_o)(t)$ in a_o der reellen Funktion $pr_t\psi : R^n \to R$, $pr_t\psi(a) = \psi(a)(t)$ für alle $a \in R^n$, so hat $g_1'{}_{(r_o,a_o)}$ notwendig die Gestalt

$$g_1'{}_{(r_o,a_o)}(r,a)(t) = r-2(\psi(a_o)(t)-w(t))\sum_{j=1}^{n} a_j \frac{\partial}{\partial a_j}\psi(a_o)(t)$$

für alle $(r,a) = (r,a_1,\ldots,a_n) \in R^{n+1}$ und alle $t \in B$.
Eine ausführliche Untersuchung der Fréchet-Differenzierbarkeit von g_1 findet sich in [1].

Ist also (r_o,a_o) Optimallösung von 2.1. und sind obige Differenzierbarkeitsvoraussetzungen erfüllt, so gibt es nach 1.2. eine reelle Zahl $l_o \geq o$ und ein im Falle $l_o = o$ nicht identisch verschwindendes reelles stetiges lineares Funktional l_1 auf Z_1 mit

$$l_1(r-2(\psi(a_o)-w)\sum_{j=1}^{n} a_j \frac{\partial}{\partial a_j}\psi(a_o)) = l_o r \quad \text{für alle } (r,a) \in R^{n+1},$$

dies ist äquivalent zu $l_1(1) = l_o$ und

$$l_1((\psi(a_o)-w)\frac{\partial}{\partial a_j}\psi(a_o)) = o \qquad (j=1,\ldots,n),$$

mit $l_1(r_o-(\psi(a_o)-w)^2) = o$ und mit $l_1(v) \geq o$ für alle nichtnegativen $v \in C(B)$.
Wäre $l_o = o$, so wäre l_1 für die konstante positive Funktion 1 gleich o, also identisch o. Darum ist $l_o > o$ und ohne Einschränkung gleich 1 wähl-

bar. Ähnlich folgt auch aus $r_o-(\psi(a_o)(t)-w(t))^2 \geq o$ für alle $t \in B$ und $l_1(r_o-(\psi(a_o)-w)^2) = o$, daß notwendig $r_o = \|\psi(a_o)-w\|_\infty^2$ gelten muß auch ohne Heranziehung der Optimalität von (r_o, a_o).

Deshalb erhält das Hilfsproblem 1.3. in diesem Falle die Gestalt

2.2. HILFSPROBLEM. *g_1 sei Fréchet-differenzierbar und die partiellen Ableitungen $\frac{\partial}{\partial a_j}\psi$ $(j=1,\ldots,n)$ mögen existieren. Bestimme $a_o \in R^n$ und ein stetiges reelles lineares Funktional l_1 auf $C(B)$ mit $l_1(v) \geq o$ für alle nichtnegativen $v \in C(B)$,*

$$l_1(\|\psi(a_o)-w\|_\infty^2-(\psi(a_o)-w)^2) = o,$$

$$l_1(1) = 1 \quad \textit{und}$$

$$l_1((\psi(a_o)-w)\frac{\partial}{\partial a_j}\psi(a_o)) = o \qquad (j=1,\ldots,n)!$$

Eine ausführliche Diskussion von 2.2. müßte die Darstellbarkeit von l_1 mittels eines nichtnegativen Baire-Maßes auf B ausnutzen [8], dessen Träger in

$$\{t \in B: \|\psi(a_o)-w\|_\infty = |\psi(a_o)(t)-w(t)|\}$$

enthalten ist, und insbesondere berücksichtigen, daß nach [6] die Restriktion von l_1 auf einen endlichdimensionalen Unterraum von $C(B)$ gleich einer endlichen Linearkombination von Punktfunktionalen ist. Wir führen dies hier nicht aus, zumal wir den allgemeineren Fall der nichtlinearen unsymmetrischen Tschebyscheff-Approximation, insbesondere den Zusammenhang der Cheney-Loeb-Bedingung und des Kolmogoroff-Kriteriums mit dem Satz von John, an anderer Stelle behandeln werden.

§ 3. VARIATIONSPROBLEME MIT DIFFERENTIALGLEICHUNGEN UND DIFFERENTIALUNGLEICHUNGEN ALS NEBENBEDINGUNGEN

Wir wollen jetzt eine etwas allgemeinere Variante des Standardbeispiels dafür vorstellen, daß Optimierungsaufgaben auf die Behandlung von Differentialgleichungsproblemen führen.

3.1. VARIATIONSPROBLEM. *Ψ sei eine stetige reelle Funktion auf dem* R^{2n+1}, Ψ_1 *und* Ψ_2 *seien Abbildungen des* R^{2n+1} *in* R^{μ_1} *bzw.* R^{μ_2}, *und das reelle kompakte Intervall* $[a,b]$ *sowie* $x_a \in R^n$, $x_b \in R^n$ *seien fest vorgegeben. Minimiere*

$$\int_a^b \Psi(t,x(t),\dot{x}(t))dt$$

unter den Nebenbedingungen

$$\Psi_{1i}(t,x(t),\dot{x}(t)) \geq o \qquad (i=1,\dots,\mu_1;\ t\in[a,b]),$$

$$\Psi_{2i}(t,x(t),\dot{x}(t)) = o \qquad (i=1,\dots,\mu_2;\ t\in[a,b]),$$

$$x(a)=x_a,\ x(b)=x_b$$

auf dem linearen Raum $C^1[a,b]^n$ *aller Abbildungen* $x:[a,b]\to R^n$ *mit stetiger Ableitung* $\dot{x}$*!*

Mit

$$X = C^1[a,b]^n,\ f(x) = \int_a^b \Psi(t,x(t),\dot{x}(t))dt \qquad \text{für alle } x\in X,$$

$$Z_1 = C[a,b]^{\mu_1},\ Z_2 = C[a,b]^{\mu_2}\times R^{2n},$$

$$g_1(x) = \Psi_1(\cdot,x(\cdot),\dot{x}(\cdot)),$$

$$g_2(x) = (\Psi_2(\cdot,x(\cdot),\dot{x}(\cdot)),x(a),x(b)) \qquad \text{für alle } x\in X,$$

$$Y_1 = \{v\in C[a,b]^{\mu_1} : v_i(t)\geq o \quad (i=1,\dots,\mu_1;\ t\in[a,b])\},$$

$$y_2 = (O_{C[a,b]^{\mu_2}},x_a,x_b)$$

liegt wiederum ein Problem der Gestalt 1.1. vor.

Wir versehen $C[a,b]$ mit der Maximumnorm und Z_1 und Z_2 mit der Produkttopologie. Dann ist jedenfalls $\overset{o}{Y}_1$ nicht leer. Unter geeigneten Differenzierbarkeitsvoraussetzungen an Ψ, Ψ_1 und Ψ_2, insbesondere unter Voraussetzung der Existenz und Stetigkeit der partiellen Ableitungen der Funktionen

$$\Psi,\ \Psi_{11},\dots,\Psi_{1\mu_1},\ \Psi_{21},\dots,\Psi_{2\mu_2}$$

nach deren letzten $2n$ Variablen, sind f und g_1 bzw. g_2 Fréchet-differenzierbar bzw. stetig Fréchet-differenzierbar, falls wir $C^1[a,b]$ durch $max\{\|v\|_\infty, \|\dot{v}\|_\infty\}$ für alle $v\in C^1[a,b]$ normieren und $C^1[a,b]^n$ mit der Produkttopologie ausstatten. Die Fréchet-Ableitungen in $x_o\in X$ haben die Gestalt

$$f'_{x_o}(h) = \int_a^b \sum_{j=1}^{n} \left(\frac{\partial \Psi}{\partial x_j}(t, x_o(t), \dot{x}_o(t))h_j(t) + \frac{\partial \Psi}{\partial \dot{x}_j}(t, x_o(t), \dot{x}_o(t))\dot{h}_j(t)\right)dt$$

und etwa

$$g_1{}'_{x_o}(h)_1(t) = \sum_{j=1}^{n} \left(\frac{\partial \Psi_{11}}{\partial x_j}(t, x_o(t), \dot{x}_o(t))h_j(t) + \frac{\partial \Psi_{11}}{\partial \dot{x}_j}(t, x_o(t), \dot{x}_o(t))\dot{h}_j(t)\right).$$

Darin bedeutet z. B. $\frac{\partial \Psi}{\partial x_j}$ bzw. $\frac{\partial \Psi}{\partial \dot{x}_j}$ die partielle Ableitung von Ψ nach der $(1+j)$-ten bzw. nach der $(1+n+j)$-ten Variablen. Ohne die benötigten Differenzierbarkeitsvoraussetzungen hier weiter ausführen zu können, lautet in diesem Falle unser

3. 2. HILFSPROBLEM. *Bestimme* $x_o \in C^1[a,b]^n$ *mit*

$$\Psi_{1i}(t, x_o(t), \dot{x}_o(t)) \geq o \qquad (i = 1, \dots, \mu_1; \quad t \in [a,b]),$$

$$\Psi_{2i}(t, x_o(t), \dot{x}_o(t)) = o \qquad (i = 1, \dots, \mu_2; \quad t \in [a,b]),$$

$$x(a) = x_a, \; x(b) = x_b,$$

eine reelle Zahl $l_o \geq o$,
monoton nicht fallende normalisierte Funktionen beschränkter Variation $\lambda_{11}, \dots, \lambda_{1\mu_1}$ *auf* $[a,b]$,
reelle lineare Funktionale $l_{21}, \dots, l_{2\mu_2}$ *auf* $C[a,b]$
und Vektoren l_3, l_4 *aus dem* R^n *derart, dass im Falle* $l_o = o$ *nicht gleichzeitig* $\lambda_{11}, \dots, \lambda_{1\mu_1}$ *konstant und* $l_{21}, \dots, l_{2\mu_2}, l_3, l_4$ *identisch* o *sind, und derart, dass gilt*

$$\sum_{i=1}^{\mu_1} \int_a^b \Psi_{1i}(t, x_o(t), \dot{x}_o(t))\, d\lambda_{1i}(t) = o \text{ und}$$

$$\sum_{i=1}^{\mu_1} \int_a^b \left(\frac{\partial \Psi_{1i}}{\partial x_j}(t, x_o(t), \dot{x}_o(t))h(t) + \frac{\partial \Psi_{1i}}{\partial \dot{x}_j}(t, x_o(t), \dot{x}_o(t))\dot{h}(t)\right)d\lambda_{1i}(t)$$

$$+ \sum_{i=1}^{\mu_2} l_{2i}\left(\frac{\partial \Psi_{2i}}{\partial x_j}(t, x_o(t), \dot{x}_o(t))h(t) + \frac{\partial \Psi_{2i}}{\partial \dot{x}_j}(t, x_o(t), \dot{x}_o(t))\dot{h}(t)\right) + l_{3j}h(a) + l_{4j}h(b)$$

$$= l_o \int_a^b \left(\frac{\partial \Psi}{\partial x_j}(t, x_o(t), \dot{x}_o(t))h(t) + \frac{\partial \Psi}{\partial \dot{x}_j}(t, x_o(t), \dot{x}_o(t))\dot{h}(t)\right)dt$$

für alle $h \in C^1[a,b]$ *und* $j = 1, \dots, n$.

Sind die Funktionale $l_{21},\dots,l_{2\mu_2}$ stetig auf $C[a,b]$, so sind sie ebenfalls durch normalisierte Funktionen beschränkter Variation $\lambda_{21},\dots,\lambda_{2\mu_2}$ auf $[a,b]$ darstellbar, die allerdings nicht monoton zu sein brauchen. Sind überdies $\lambda_{11},\dots,\lambda_{1\mu_1}, \lambda_{21},\dots,\lambda_{2\mu_2}$ stetig differenzierbar auf $[a,b]$, so ergibt sich aus 3.2 in der üblichen Weise, daß jede Extremale x_o von 3.1 zusammen mit den Ableitungen p_{ij} der λ_{ij} den Euler-Lagrange-Gleichungen

$$\sum_{i=1}^{\mu_1} (p_{1i}(t) \frac{\partial\Psi_{1i}}{\partial x_j}(t,x_o(t),\dot{x}_o(t)) - \frac{d}{dt}(p_{1i}(t)\frac{\partial\Psi_{1i}}{\partial\dot{x}_j}(t,x_o(t),\dot{x}_o(t))))$$

$$+\sum_{i=1}^{\mu_2} (p_{2i}(t) \frac{\partial\Psi_{2i}}{\partial x_j}(t,x_o(t),\dot{x}_o(t)) - \frac{d}{dt}(p_{2i}(t)\frac{\partial\Psi_{2i}}{\partial\dot{x}_j}(t,x_o(t),\dot{x}_o(t))))$$

$$= l_o(\frac{\partial\Psi}{\partial x_j}(t,x_o(t),\dot{x}_o(t)) - \frac{d}{dt}\frac{\partial\Psi}{\partial\dot{x}_j}(t,x_o(t),\dot{x}_o(t))) \qquad (j=1,\dots,n)$$

auf $[a,b]$ genügen muß.

Nach [7] ist hierfür im Falle von lauter Differentialgleichungen als Nebenbedingungen hinreichend, daß die Matrix

$$\left(\frac{\partial\Psi_{2i}}{\partial\dot{x}_j}(t,x_o(t),\dot{x}_o(t))\right)_{\substack{i=1,\dots,\mu_2\\ j=1,\dots,n}}$$

Höchstrang $\mu_2 < n$ auf $[a,b]$ habe. Diese Voraussetzung ließe sich auf den hier vorliegenden Fall, der auch Differentialungleichungen als Nebenbedingungen zuläßt, übertragen. Hierüber und insbesondere auch über Abschwächungen der Forderungen an die benutzten Räume - bei Differentialungleichungen als Nebenbedingungen sind Räume stetig differenzierbarer Funktionen nicht immer angemessen - werden wir zusammen mit dem Verfasser von [7] an anderer Stelle berichten.

§ 4. DUALE STEUERUNGEN

Abschließend betrachten wir ein Steuerungsproblem, das wir linear wählen, um den Zusammenhang der Multiplikatorenregel mit der Dualitätstheorie verdeutlichen zu können.

4. 1. STEUERUNGSPROBLEM. Minimiere das lineare Funktional $f_1(x)+f_2(u)$ auf dem linearen Raum $X = \{(x,u) \in L_\infty[a,b]^n \times L_\infty[a,b]^m :$

$$\begin{array}{ll} x : [a,b] \to R^n & \textit{ist absolut stetig,} \\ \dot{x} & \textit{ist wesentlich beschränkt,} \\ u : [a,b] \to R^m & \textit{ist wesentlich beschränkt}\} \end{array}$$

unter den linearen Nebenbedingungen

$$A_1\dot{x} + B_1x + C_1u - a_1 \in L_\infty[a,b]^{\mu_1}_+ ,$$

$$A_2\dot{x} + B_2x + C_2u - a_2 = O_{L_\infty[a,b]^{\mu_2}},$$

$$B_3x - a_3 = O_{R^{\mu_3}}!$$

Dabei sind a_1, a_2 und a_3 feste Funktionen und die Definitions- und Bildbereiche aller auftretenden und selbstverständlich als linear vorausgesetzten Operatoren aus dem Zusammenhang ersichtlich.

$L_\infty[a,b]^{\mu_1}_+$ ist die Menge aller komponentenweise fast überall nichtnegativen Funktionen in $L_\infty[a,b]^{\mu_1}$. Offenbar lassen sich auf obige Weise Nebenbedingungen in Form von linearen Differentialungleichungen und Differentialgleichungen sowie lineare Randbedingungen erfassen.

Für das Problem 4. 1 läßt sich wie im endlichdimensionalen linearen Fall ein duales angeben.

4. 2. DUALES STEUERUNGSPROBLEM. *Bestimme reelle lineare Funktionale* l_1 *auf* $L_\infty[a,b]^{\mu_1}$, l_2 *auf* $L_\infty[a,b]^{\mu_2}$, l_3 *auf* R^{μ_3} *derart, dass* $l_1(a_1)+l_2(a_2)+l_3(a_3)$ *maximal ausfällt unter den Nebenbedingungen*

$$l_1(v) \geq o \quad \textit{für alle } v \in L_\infty[a,b]^{\mu_1}_+ \quad \textit{und}$$

$$l_1(A_1\dot{x} + B_1x) + l_2(A_2\dot{x} + B_2x) + l_3(B_3x) = f_1(x),$$

$$l_1(C_1u) + l_2(C_2u) = f_2(u) \quad \textit{für alle} \quad (x,u) \in X\,!$$

Offenbar ist

$$f_1(x) + f_2(u) \geq l_1(a_1) + l_2(a_2) + l_3(a_3),$$

falls (x,u) die Nebenbedingungen von 4. 1 und (l_1, l_2, l_3) diejenigen von 4. 2 erfüllt. Jede zulässige Lösung des Dualproblems 4. 2 liefert also eine untere Schranke für das Minimum des Steuerungsproblems 4. 1.. Da dieses Problem linear ist, sind die Differenzierbarkeitsvoraussetzungen in 1. 2. überflüssig, außerdem wird die Vollständigkeit der Räume nicht benötigt, sondern es wird nur ausgenutzt, daß der algebraische Kern von $L_\infty[a,b]^{\mu_1}_+$ nicht leer ist, vergleiche hierzu [3].
Ist also (x_o, u_o) Optimallösung von 4. 1., so gibt es nach 1. 2. eine reelle Zahl $l_o \geq o$ und reelle lineare Funktionale l_1 auf $L_\infty[a,b]^{\mu_1}$, l_2 auf $L_\infty[a,b]^{\mu_2}$, l_3 auf R^{μ_3}, die im Falle $l_o = o$ nicht sämtlich identisch gleich o sind, mit

$$l_1(v) \geq o \quad \text{für alle} \quad v \in L_\infty[a,b]^{\mu_1}_+,$$

$$l_1(A_1\dot{x}_o + B_1x_o + C_1u_o - a_1) = o \qquad \text{und}$$

$$l_1(A_1\dot{x} + B_1x) + l_2(A_2\dot{x} + B_2x) + l_3(B_3x) = l_o f_1(x),$$

$$l_1(C_1u) + l_2(C_2u) = l_o f_2(u) \qquad \text{für alle} \quad (x,u) \in X.$$

Ist überdies $l_o > o$ und darum ohne Einschränkung gleich 1, so sind die Funktionale l_1, l_2, l_3 zulässig für 4. 2.. Außerdem gilt dann

$$f_1(x_o) + f_2(u_o) = l_1(a_1) + l_2(a_2) + l_3(a_3),$$

d. h. (l_1, l_2, l_3) ist sogar Optimalitätslösung von 4. 2., und die Extrema der Probleme 4. 1. und 4. 2. stimmen überein. Gültigkeit der Multiplikatorenregel mit $l_o > o$ impliziert daher die Gültigkeit eines starken Dualitätssatzes für das Problempaar 4. 1. und 4. 2..

Fordern wir also, daß es ein Paar $(x,u) \in X$ gebe, das zulässig für 4. 1. ist und für das $A_1\dot{x} + B_1x + C_1u - a_1$ ins Innere von $L_\infty[a,b]^{\mu_1}_+$ fällt, und daß der die Gleichungsnebenbedingungen in 4. 1. beschreibende Operator den Raum X auf $L_\infty[a,b]^{\mu_2} \times R^{\mu_3}$ abbildet, so lautet nach 1. 2. unser

4. 3. HILFSPROBLEM. *Bestimme ein Paar $(x_o, u_o) \in X$, das zulässig ist für*

das Steuerungsproblem 4. 1., *und reelle lineare Funktionale* l_1 *auf* $L_\infty[a,b]^{\mu_1}$, l_2 *auf* $L_\infty[a,b]^{\mu_2}$, l_3 *auf* R^{μ_3}, *die zulässig sind für das duale Steuerungsproblem* 4. 2., *mit*

$$l_1(A_1\dot{x}_o + B_1 x_o + C_1 u_o - a_1) = o.$$

Es ist nicht verwunderlich, daß bei solchermaßen formuliertem Hilfsproblem 4. 3. jede Extremale von 4. 1. auch Optimallösung von 4. 1. ist. Überdies zeigt sich, daß schon bei einfachsten, nämlich linearen, infiniten Optimierungsproblemen die Bestimmung einer Extremalen auf die Lösung eines Systems linearer Differentialgleichungen, Differentialungleichungen und Funktionalgleichungen hinausläuft.

* * *

LITERATUR

1. Krabs, W.: Über differenzierbare asymptotisch konvexe Funktionenfamilien bei der nicht-linearen gleichmäßigen Approximation. Arch. Rational Mech. Anal. 27 (1967), 275-288.
2. Krabs, W.: Nichtlineare Optimierung mit unendlich vielen Nebenbedingungen. Computing 7 (1971), 204-214.
3. Lempio, F.: Lineare Optimierung in unendlichdimensionalen Vektorräumen. Computing 8 (1971), 284-290.
4. Lempio, F.: Positive Lösungen unendlicher Gleichungs- und Ungleichungssysteme und Lagrange-Multiplikatoren für infinite differenzierbare Optimierungsprobleme. ZAMM 53 (1973), 61-62.
5. Lempio, F.: Bemerkungen zur Lagrangeschen Funktionaldifferentialgleichung. In diesem Band.
6. Rivlin, T. J., and H. S. Shapiro: A unified approach to certain problems of approximation and minimization. SIAM J. Appl. Math. 9 (1961), 670-699.
7. Werner, J.: Lagrangesche Variationsprobleme. Vortrag anläßl. d. Symposiums über infinite Optimierung und optimale Steuerungen am Inst. f. Angew. Math. d. Univ. Hamburg, Hamburg 1972.
8. Yosida, K.: Functional Analysis. 3. ed., Berlin-Heidelberg-New York 1971, Springer-Verlag.

NORMSCHRANKEN FÜR INTERPOLATIONS- UND QUADRATURVERFAHREN

von F. Locher in Tübingen

1. EINLEITUNG

Die Norm eines Quadraturverfahrens stellt eine in verschiedener Hinsicht wichtige Strukturgröße dar. Ihre Bedeutung für die Konvergenztheorie ist schon lange bekannt (vgl. [4] KRYLOV (1962), S. 264 ff.); dagegen wurde erst in den letzten Jahren darauf hingewiesen, daß sich mit Hilfe der Norm auch ziemlich scharfe Fehlerschranken gewinnen lassen (vgl. [5], [7], [11]). Wir zeigen, daß das bei Quadraturverfahren verwendete Abschätzungsprinzip auch bei anderen Näherungsverfahren (speziell bei der Interpolation) zu günstigen Ergebnissen führt. Von besonderem praktischen Nutzen ist es, daß diese "ableitungsfreien" Fehlerschranken auch numerisch gut zugänglich sind.

Andererseits liefern Fehlerabschätzungen dieses Typs mit geringem technischem Aufwand auch untere Schranken für die Norm des Fehlerfunktionals und somit hinreichende Bedingungen für die Divergenz bei wachsender Ordnung (z.B. im Fall äquidistanter Interpolation). Es zeugt von der Schärfe der Abschätzungsmethode, daß man in gewissen Fällen zu den genauen Divergenzbedingungen gelangt (etwa bei Verwendung der Nullstellen der Jacobi-Polynome $P_{n+1}^{(\alpha,\beta)}$ als Knoten).

2. DIE ABSCHÄTZUNGSMETHODE

Näherungsformeln für die Interpolation und Quadratur werden meistens so konstruiert, daß sie für Polynome bis zu einem gewissen Grad exakt sind. Das Fehlerfunktional verschwindet dann auf einem Unterraum des B-Raumes $C[a,b]$;

dies ist von Bedeutung für die Herleitung "ableitungsfreier" Fehlerschranken mit Hilfe von Approximationsgrößen. Solche Fehlerabschätzungen beruhen auf folgendem Prinzip, das schon in verschiedenen Gebieten der Konstruktiven Mathematik verwendet wurde (vgl. [9] NATANSON (1955), S. 389 f., [11] STROUD (1966), [7] LOCHER-ZELLER (1968)).

LEMMA 1: *Es sei R eine stetige lineare Abbildung eines normierten Raumes X in einen normierten Raum Y. R verschwinde auf einem Teilraum* $V \subseteq X$. $\rho_V(f) := \inf_{g \in V} \|f-g\|$ *sei die Approximationskonstante von f bezüglich V. Dann gilt die Abschätzung*

$$\|R(f)\| \leq \|R\| \rho_V(f). \tag{2.1}$$

Der *Beweis* ergibt sich unmittelbar aus der Definition von $\rho_V(f)$ und der Beziehung $R(f) = R(f-g)$.

Aus der Ungleichung (2. 1) lassen sich in vielen Fällen Fehlerabschätzungen von großem praktischen Nutzen herleiten (s. u.). Daneben spielt sie auch für die Konvergenztheorie eine Rolle: Für eine Folge R_n von stetigen linearen Abbildungen des betrachteten Typs gilt $R_n(f) \to 0$ für alle f mit $\rho_{V_n}(f) = o(\frac{1}{\|R_n\|})$.

Umgekehrt folgt aus (2. 1) aber auch eine Abschätzung von $\|R\|$ nach unten

$$\|R\| \geq \frac{\|R(f)\|}{\rho_V(f)} \qquad (\rho_V(f) \neq 0); \tag{2.2}$$

diese Beziehung ist für die Divergenz von Bedeutung. Wählt man nämlich f so, daß $\|R(f)\|$ und $\rho_V(f)$ leicht berechenbar sind und der Quotient möglichst groß ist, erhält man eine günstige untere Schranke für $\|R\|$. Dabei läßt sich in vielen Fällen schon mit $f(x) = x^{n+1}$ für ein Verfahren der Ordnung n Divergenz nachweisen (s. Abschn. 4).

3. ANWENDUNG AUF DIE NUMERISCHE QUADRATUR

Für eine Quadraturformel des Typs

$$(3.1)\quad \begin{cases} \int_{-1}^{1} f(x)dx = \sum_{k=o}^{m} a_k f(x) + R_n(f), \\ a_k \text{ reell}, \quad -1 \leq x_0 < x_1 < \ldots < x_m \leq 1, \\ R_n(p) = o \quad \text{für Polynome } p \text{ vom Grad } p \leq n \end{cases}$$

folgt aus Lemma 1 die Abschätzung

$$(3.2)\qquad |R_n(f)| \leq \left\{2 + \sum_{k=o}^{m} |a_k|\right\} E_n(f),$$

wobei $E_n(f) = \inf_{\text{Grad } p \leq n} \|f-p\|$ die algebraische Approximationskonstante ist. In [5], [7] wurde gezeigt, daß diese Fehlerschranke in den meisten Fällen ziemlich scharf ist, man verliert gegenüber den üblichen Abschätzungen, welche höhere Ableitungen des Integranden enthalten, oft nur Faktoren von ungefähr 2.

Aus der Ungleichung (3. 2) ergeben sich außerdem Beziehungen zu anderen Restgliedern. So zeigt ein Vergleich mit der Darstellung

$$(3.3)\qquad R_n(f) = \int_{-1}^{1} f^{(n+1)}(t)\, K(t) dt,$$

daß sich die L_1-Norm des Peano-Kerns K abschätzen läßt in der Form (vgl. [5])

$$(3.4)\qquad \int_{-1}^{1} |K(t)|dt \leq \frac{2 + \sum_{k=o}^{m} |a_k|}{2^n (n+1)!}.$$

Schließlich kann man in einigen Fällen (Newton-Cotes-Formeln; interpolatorische Formeln mit den Nullstellen der Jacobi-Polynome $P_{n+1}^{(\alpha,\beta)}$ als Knoten) leicht auf die Divergenz des Quadraturverfahrens schließen, indem man von (3. 2) mit Hilfe von $f_n(x) = x^{n+1}$ zu

$$(3.5)\qquad 2 + \sum_{k=o}^{m} |a_k| \geq 2^n |R_n(x^{n+1})|$$

übergeht. (Vgl. [6]).

Von Bedeutung für die Numerik ist es, daß sich die Approximationskonstante $E_n(f)$ meistens viel leichter handhaben läßt als die sonst auftretenden höheren Ableitungen von f. Die Sätze von Jackson und Bernstein über den Zusammenhang der Approximierbarkeit einer Funktion mit ihren Differenzierbarkeits- bzw. Holomorphie-Eigenschaften vermitteln ein gutes "Gefühl" für die Abnahmegeschwindigkeit von $E_n(f)$. Durch Kopplung dieser Überlegungen mit Gitterpunktabschätzungen für Polynome erhält man numerisch zugängliche Fehlerschranken ([2], [3], [8]).

Man wählt bei diesem Vorgehen ein Gitter

$$G = \{t_i \mid -1 \leq t_o < t_1 < \ldots < t_s \leq 1\}$$

mit der Eigenschaft, daß für Polynome p vom Grad $p \leq r$ aus $|p(t_i)| \leq 1$ für $t_i \in G$ die Ungleichung $|p(x)| \leq K_r(G)$ für $|x| \leq 1$ folgt. Dabei sind die Konstanten $K_r(G)$ für gewisse Gittertypen (äquidistant, trigonometrisch) bekannt (vgl. [2], [3]). Für ein Polynom p_n vom Grad $p_n \leq n$, welches den Ungleichungen

$$|f(t_i) - p_n(t_i)| \leq \epsilon \qquad (t_i \in G)$$

genügt, folgt dann offensichtlich (Dreiecksungleichung)

$$\|f-p_n\| \leq \{E_r(f) + \epsilon\} K_r(G) + E_r(f). \tag{3.6}$$

Wegen $E_n(f) \leq \|f-p_n\|$ erhält man aus (3. 6) in Verbindung mit (3. 2) die Fehlerschranke

$$|R_n(f)| \leq \left\{2+\sum_{k=o}^{m} |a_k|\right\} \left\{(E_r(f)+ \epsilon)K_r(G)+E_r(f)\right\}. \tag{3.7}$$

In der Praxis wird man r so groß wählen, daß $E_r(f)$ vernachlässigbar ist; dann ist das Problem, eine Schranke für $E_n(f)$ zu finden, auf eine diskrete Approximationsaufgabe zurückgeführt.

In gewissen anderen Fällen, bei denen die höheren Ableitungen nur schwierig zu gewinnen sind (Beispiel: $\frac{\sin x}{x}$), läßt sich durch Kombination bekannter Reihenentwicklungen eine Abschätzung für die Approximationskonstante herleiten. Wir erläutern dieses Vorgehen an einem Beispiel.

Beispiel. Genäherte Berechnung von $\int_{-1}^{1} x^3 e^x dx$ mit Hilfe einer 5-punktigen Gauß-

Formel (vgl. [1] DAVIS-RABINOWITZ (1967), S. 119).

Aus (3. 2) folgt die Fehlerschranke $4E_9(f)$, welche sich mit Hilfe der Čebyšev-Entwicklung von e^x und der Rekursionsformel für die Čebyšev-Polynome abschätzen läßt:

$$x^3 e^x = x^3 \sum_{\nu=0}^{\infty} a_\nu T_\nu(x) = \sum_{\nu=0}^{\infty} \frac{1}{8}\{a_{\nu-3} + 3a_{\nu-1} + 3a_{\nu+1} + a_{\nu+3}\} T_\nu(x)$$

mit $a_{-k} = 0$ für $k > 0$.

Bricht man diese Reihe für $\nu = 9$ ab, so erhält man eine Näherung für das Minimalpolynom mit dem Fehler

$$E_9(f) \leq \sum_{\nu=10}^{\infty} \frac{1}{8} |a_{\nu-3} + 3a_{\nu-1} + 3a_{\nu+1} + a_{\nu+3}| < 1{,}2 \cdot 10^{-6}.$$

Unsere Abschätzungsmethode liefert somit die Fehlerschranke $4{,}8 \cdot 10^{-6}$, gegenüber dem wahren Fehler von 10^{-7}.

Da das Abschätzungsverfahren prinzipiell dimensionsunabhängig ist, läßt es sich auch auf den Fall der numerischen Integration von Funktionen von mehreren Variablen übertragen. Darauf werden wir zurückkommen.

4. DIVERGENZ BEI DER INTERPOLATION

Wir betrachten den Fehler einer Interpolationsformel

$$R_{nx}(f) = f(x) - \sum_{k=0}^{n} f(x_k) l_k(x); \tag{4.1}$$

hier ist l_k die Lagrange-Grundfunktion

$$l_k(x) = l_{kn}(x) = \frac{w_n(x)}{w_n'(x_k)(x-x_k)} \qquad \text{mit } w_n(x) = \prod_{k=0}^{n} (x-x_k).$$

Das Intervall $[a,b]$ enthalte den Punkt x und die Knoten x_k $(k = 0, 1, \ldots, n)$.

Dann ist R_{nx} eine stetige Linearform auf $C[a,b]$, welche für Polynome p vom Grad $p \leq n$ verschwindet. Aus Lemma 1 folgt also

$$|R_{nx}(f)| \leq \|R_{nx}\| E_n(f) \tag{4.2}$$

mit

$$\|R_{nx}\| = 1 + \sum_{k=0}^{n} |l_k(x)|.$$

Während man Abschätzungen des Typs (4. 2) für Konvergenzuntersuchungen viel verwendet hat (vgl. [9] NATANSON (1955), S. 389 f.) scheint ihre Bedeutung für die Divergenz weniger beachtet worden zu sein.

Wählt man speziell $f_n(x) = x^{n+1}$, so lassen sich der Interpolationsfehler (Restglied nach Cauchy) und die Approximationskonstante leicht berechnen. Man erhält dann aus (2. 2) die Abschätzung

$$\|R_{nx}\| \geq 2^n |w_n(x)|. \tag{4.3}$$

Falls die Folge $2^n|w_n(x)|$ nicht beschränkt bleibt, divergiert somit nach dem Satz von Banach-Steinhaus das Interpolationsverfahren an der Stelle x. Mit entsprechenden Überlegungen läßt sich auch eine notwendige Bedingung für die gleichmäßige Konvergenz eines Interpolationsprozesses im Intervall $[a,b]$ gewinnen. In diesem Fall muß die Folge $2^n \max\limits_{a \leq x \leq b} |w_n(x)|$ beschränkt bleiben. Wir fassen zusammen.

SATZ 2:

1. *Die Norm des Fehlerfunktionals bei der Interpolation an einer Stelle x lässt sich abschätzen durch*

$$\|R_{nx}\| \geq 2^n |w_n(x)|.$$

2. *Bleibt die Folge $2^n|w_n(x)|$ nicht beschränkt für $n \to \infty$, so gibt es eine Funktion $f \in C[a,b]$ mit $\overline{\lim}\, R_{nx}(f) = \infty$.*
3. *Falls die Folge $2^n \max\limits_{a \leq x \leq b} |w_n(x)|$ nicht beschränkt bleibt, gibt es eine Funktion $f \in C[a,b]$ so, dass die Folge der zugehörigen Interpolationspolynome im Intervall $[a,b]$ nicht gleichmässig gegen f konvergiert.*

Trotz ihrer Einfachheit sind diese Divergenzbedingungen überraschend scharf. Dies läßt sich leicht an einigen Beispielen demonstrieren.

a) *Interpolation unter Verwendung der Nullstellen der Jacobi-Polynome* $P_{n+1}^{(\alpha,\beta)}$ *als Knoten*

In diesem Fall gilt

$$\|R_{nx}\| \geq 2^n |w_n(x)| = 2^{2n+1} \binom{2n+\alpha+\beta+2}{n+1}^{-1} |P_{n+1}^{(\alpha,\beta)}(x)|.$$

Wir betrachten die Stelle $x = 1$ und erhalten mit Hilfe der Stirling-Formel

$$\|R_{n1}\| \geq 2^{2n+1} \binom{2n+\alpha+\beta+2}{n+1}^{-1} \binom{n+\alpha+1}{n+1} = O(n^{\alpha-\frac{1}{2}}) \text{ für } n \to \infty.$$

Im Fall $\alpha > \frac{1}{2}$ divergiert das Interpolationsverfahren also an der Stelle $x = 1$. Dieses Resultat findet man bei [12] SZEGÖ (1968), Theorem 14. 4, S. 328 ff. ; der Beweis erfordert dort allerdings einen größeren technischen Aufwand. Bei Szegö wird die Divergenz auch im Fall $\alpha = \frac{1}{2}$ nachgewiesen, während für $\alpha < \frac{1}{2}$ Konvergenz eintritt.

b) *Äquidistante Interpolation*

Im Fall äquidistanter Interpolation ($x_i = -1 + \frac{2i}{n}$, $i = 0, 1, \ldots, n$) im Intervall $[-1, 1]$ ist unmittelbar zu sehen, daß die Folge der Interpolationspolynome nicht gleichmäßig konvergiert. Mit Hilfe der Stirling-Formel folgt nämlich die asymptotische Beziehung

$$\|R_{n,1-\frac{1}{n}}\| \geq 2^n |w_n(1-\tfrac{1}{n})| = \frac{\sqrt{2}}{n} (\tfrac{4}{e})^n (1 + o(1)) \qquad \text{für } n \to \infty.$$

Man hat hier zwar einen Faktor der Größenordnung $(\frac{e}{2})^n$ im Vergleich zur wahren "Lebesgue-Konstanten" verloren (vgl. [10] SCHÖNHAGE (1961)); dem steht aber die besondere Einfachheit der Abschätzungsmethode gegenüber.

Divergenz in einzelnen Punkten läßt sich ebenfalls leicht nachweisen. Wir betrachten speziell den Punkt $x = -\frac{3}{4}$. Aus beweistechnischen Gründen gehen wir mit Hilfe einer affinen Transformation zum Intervall $[0, n]$ über und betrachten den entsprechenden Punkt $\xi = \frac{n}{8}$. Man erhält dann

$$\|R_{n,\frac{3}{4}}\| \geq 2^{2n+1} n^{-(n+1)} |w_n^*(\tfrac{n}{8})|$$

mit

$$w_n^*(x) = \prod_{k=0}^{n} (x-k) = \frac{(-1)^n}{\pi} \Gamma(x+1)\Gamma(n+1-x) \sin \pi x.$$

Mit

$$\|R_{n,\frac{3}{4}}\| \geq 2^{2n+1} n^{-(n+1)} \frac{1}{\pi} \Gamma\left(\frac{n}{8}+1\right)\Gamma\left(\frac{7}{8}n+1\right) \left|\sin\frac{\pi n}{8}\right|$$

folgt dann für die Teilfolge $n = 8m+1$

$$\|R_{8m+1,\frac{3}{4}}\| \geq \frac{2^{16m+3}}{(8m+1)^{8m+2}} \frac{1}{\pi} \Gamma\left(m+\frac{9}{8}\right)\Gamma\left(7m+\frac{15}{8}\right) \sin\frac{\pi}{8}$$

$$= Cm 7^{7m} (2e)^{-8m} (1+o(1))$$

$$= Cm\,(1,08\ldots)^m (1+o(1)) \qquad \text{für } m \to \infty.$$

Damit ist die Divergenz gezeigt.

Weitere Anwendungen unserer Abschätzungsmethode sind möglich bei der Hermite-Interpolation und bei der numerischen Differentiation, sowie bei der Verwendung anderer Restglieder (z. B. des Restglieds in der Hermite-Form für holomorphe Funktionen).

* * *

LITERATUR

1. Davis, P. J. and P. Rabinowitz: Numerical integration. New York: Blaisdell 1967.

2. Ehlich, H. und K. Zeller: Schwankung von Polynomen zwischen Gitterpunkten. Math. Z. 86 (1964), 41-44.

3. Ehlich, H. und K. Zeller: Numerische Abschätzung von Polynomen. ZAMM 45 (1965), T 20-22.

4. Krylov, V. I.: Approximate calculation of integrals. New York-London: Macmillan 1962.

5. Locher, F.: Positivität bei Quadraturformeln. Habilitationsschrift Tübingen 1972.

6. Locher, F.: Norm bounds of quadrature processes. Erscheint in SIAM J. Num. Anal.

7. Locher, F. und K. Zeller: Approximationsgüte und numerische Integration. Math. Z. 104 (1968), 249-251.

8. Locher, F. und K. Zeller: Approximation auf Gitterpunkten. ISNM vol. 15 (1970), 161-166.

9. Natanson, I. P.: Konstruktive Funktionentheorie. Berlin: Akademie-Verlag 1955.

10. Schönhage, A.: Fehlerfortpflanzung bei der Interpolation. Num. Math. 3 (1961), 62-71.

11. Stroud, A. H.: Estimating quadrature errors for functions with low continuity. SIAM J. Num. Anal. 3 (1966), 420-424.

12. Szegö, G.: Orthogonal polynomials. Amer. Math. Soc. coll. publ. XXII, Ann Arbor, 1948.

SPLITTING METHODS FOR PARABOLIC AND HYPERBOLIC PARTIAL DIFFERENTIAL EQUATIONS

by J. Ll. Morris in Dundee

1. INTRODUCTION

We will be concerned with the numerical solution of the parabolic partial differential equation

(1. 1) $$\frac{\partial \mathfrak{u}}{\partial t} = L(\mathfrak{u}, \mathfrak{r}, t, D^2)\,\mathfrak{u}$$

and also the first order hyperbolic partial differential equation

(1. 2) $$\frac{\partial \mathfrak{u}}{\partial t} = L(\mathfrak{u}, \mathfrak{r}, t, D)\,\mathfrak{u}$$

where L is a linear operator (not the same operator in both equations),

$$\mathfrak{u} = (u_1, u_2, \ldots, u_n)^T, D = (\frac{\partial}{\partial x_1}, \frac{\partial}{\partial x_2}, \ldots, \frac{\partial}{\partial x_s}), \quad \mathfrak{r} = (x_1, x_2, \ldots, x_s)^T$$

and where the matrix coefficients in L may depend on $\mathfrak{u}, \mathfrak{r}$ and t. We assume the problems are well posed.

For equation (1. 1) we assume that the solution is required in $\Omega \times [o, T]$ where Ω is a closed region in R^n with boundary $\partial\Omega$ and T is a given value of t. For simplicity we will assume Dirichlet boundary conditions and that Ω is rectangular. It is a straight forward matter to generalize our conclusions to more general boundary conditions and more general regions.

For equation (1.2) we assume that the solution is required in the positive quarter plane in $R^n \times [o, T]$ and that the matrix coefficients are such that boundary conditions are given on boundaries with the components of $\mathfrak{r} = o$. Initial conditions for $t = o$ are given for both equations (1.1) and (1.2).

Finally, we assume that the operator L may be written such that

$$L = \sum_{q=1}^{s} L_q(\mathfrak{u}, \mathfrak{r}, t, D_q^2)$$

for equation (1.1) and

$$L = \sum_{q=1}^{s} L_q(\mathfrak{u}, \mathfrak{r}, t, D_q)$$

for equation (1.2). We are therefore assuming for equation (1.1) that the L_q, $q = 1, 2, \ldots, s$ are one dimensional operators involving differentiation with respect to x_q only. In a straightforward manner this assumption can be relaxed to the case where L can be written as the sum of any simpler operators. (This would then cover the case of parabolic equations with mixed partial derivatives).

For partial differential equations in many space variables, splitting methods have long been well known as a means of proposing workable algorithms. For parabolic equations Alternating Direction Implicit (ADI) methods and Locally One Dimensional (LOD) methods have been extensively studied. For hyperbolic equations the multistep formulation of STRANG [16, 17] is well known. However, there are still unresolved problems associated with these methods. Whereas ADI methods are simple to formulate for parabolic equations in two space variables, with the exception of the D'JAKONOV [2] splitting, the methods tend to be more complicated and less efficient in a higher number of space variables. In contrast, LOD methods [14] are simple to formulate for any number of space variables but, unfortunately, lose accuracy if certain operators do not commute. In practice these operators rarely do commute so that LOD methods have tended to be used less frequently for the solution of physical problems.

For the Strang formulation for hyperbolic equations there has always been a fine balance between the extra work necessary to implement the methods and the decrease in work by virtue of the fewer time steps necessary to reach a given point in time owing to the increased range of stability [5, 6]. Furthermore, implementing the scheme suggested in [17] can give rise to problems of introducing boundary conditions. In [6] it was found that these difficulties could have disastrous effects. As a result, an algorithm was developed in [10] for the introduction of boundary conditions in a stable manner. Unfortunately, this procedure tended to be rather complicated.

The motivation for the work contained in the present paper has been provided by the problems outlined above together with the recent appearance of two papers. In [4] GOURLAY and MITCHELL presented a unified approach of constructing splitting methods (which we will describe briefly in the next section) but concluded that no high accuracy LOD method exists. We require to show that such LOD methods can in fact be constructed. In [18] WILSON studied the implementation of an optimally stable method (in the sense of COURANT, FRIEDRICHS and LEWY [1]) based upon the RICHTMYER two step version of the Lax Wendroff method [13]. As a result of this paper it appeared that the computational efficiency favoured the Richtmyer scheme rather than the multistep formulations. We require to show that the approach adopted for producing a high accuracy LOD method can also be used to produce highly efficient multistep formulations which are optimally stable.

In proposing splitting methods for parabolic equations it has been long well known that time dependent boundary conditions have to be treated with care [3]. In the present paper we will not consider the implementation of boundary conditions, this will be the subject of a forthcoming paper [9]. Furthermore, we will not consider the introduction of "extra" boundary conditions for hyperbolic systems like those considered in the paper given by Professor Kreiss in this meeting. A unified approach to the introduction of such boundary conditions is studied in [7] and the methods contained there can be applied without change.

2. THE ALTERNATING DIRECTION LOCALLY ONE DIMENSIONAL METHOD

In order to make the development as simple as possible we will assume initially that $s = 2$ in equation (1. 1) and that L does not depend upon u or t. We assume equation (1. 1) is of the form

$$\frac{\partial u}{\partial t} = \{L_1(x_1, x_2, D_1^2) + L_2(x_1, x_2, D_2^2)\}\, u . \tag{2. 1}$$

By Taylor Series, using the usual notation

$$u_{ij}^{m+1} = exp(\tau \frac{\partial}{\partial t})\, u_{ij}^{m} \tag{2. 2}$$

is an exact semi-discrete approximation to the solution of (2. 1) where $\mathfrak{u}_{ij}^{m+1} \equiv \mathfrak{u}(ih, jh, (m+1)\tau)$, h and τ being the mesh lengths in space and time respectively. It is usual at this stage [11] to approximate the time differential using the differential equation and then to substitute divided differences for the spatial derivatives. However, STRANG [16, 17] suggests using approximations based upon the Baker Hausdorff expansion of the exponential. Thus we can write equation (2. 2) as

$$\mathfrak{u}_{ij}^{m+1} = exp(\tau L)\,\mathfrak{u}_{ij}^{m}$$

and approximate to the Baker Hausdorff expansion. If we use

$$\mathfrak{v}_{ij}^{m+1} = exp(\tau L_1)\,exp(\tau L_2)\,\mathfrak{u}_{ij}^{m} + O(\tau^2)$$

where we have suppressed the arguments of L_1 and L_2 for convenience, then we may propose $(0,1)$, $(0,1)$ Padé approximations for the two exponentials respectively and obtain explicit formulae based on

$$\mathfrak{v}_{ij}^{m+1} = (I+\tau L_1)(I+\tau L_2)\,\mathfrak{u}_{ij}^{m} + O(\tau^2).$$

If, instead, we propose $(1,0)$, $(1,0)$ Padé approximations for the two exponentials we obtain implicit backward difference schemes based on

$$\mathfrak{v}_{ij}^{m+1} = (I-\tau L_1)^{-1}(I-\tau L_2)^{-1}\,\mathfrak{u}_{ij}^{m} + O(\tau^2).$$

If we propose $(1,1)$, $(1,1)$ Padé approximations we obtain LOD methods based on

$$\text{(2. 3)} \qquad \mathfrak{v}_{ij}^{m+1} = (I-\tfrac{\tau}{2}L_1)^{-1}(I+\tfrac{\tau}{2}L_1)(I-\tfrac{\tau}{2}L_2)^{-1}(I+\tfrac{\tau}{2}L_2)\,\mathfrak{u}_{ij}^{m} + O(\tau^2).$$

Thus we note that, in general, the LOD methods are $O(\tau)$ accurate only.

If, instead, we use the approximation to the exponential in (2. 2) given by

$$\text{(2. 4)} \qquad \mathfrak{v}_{ij}^{m+1} = exp(\tfrac{\tau}{2}L_1)\,exp(\tau L_2)\,exp(\tfrac{\tau}{2}L_1)\,\mathfrak{u}_{ij}^{m} + O(\tau^3)$$

we may obtain the higher order accuracy of $O(\tau^2)$. Thus proposing the $(1,0)$, $(1,1)$, $(0,1)$ Padé approximations to the exponentials in equation (2. 4) in order left to right, we obtain the approximation which forms the basis of ADI methods, namely

$$\mathfrak{v}_{ij}^{m+1} = (I-\frac{\tau}{2}L_1)^{-1}(I+\frac{\tau}{2}L_2)(I-\frac{\tau}{2}L_2)^{-1}(I+\frac{\tau}{2}L_1)\,\mathfrak{u}_{ij}^{m} + O(\tau^3).$$

We note here that if the operators L_1 and L_2 commute this equation gives the basis for LOD approximations given by equation (2. 3) but with a higher order of accuracy, $O(\tau^2)$. If, however, the operators L_1 and L_2 do not commute the accuracy is restricted to that given in equation (2. 3). Introducing instead $(0,1), (1,1), (1,0)$ Padé approximations in order left to right we obtain

$$\mathfrak{v}_{ij}^{m+1} = (I+\frac{\tau}{2}L_1)(I-\frac{\tau}{2}L_2)^{-1}(I+\frac{\tau}{2}L_2)(I-\frac{\tau}{2}L_1)^{-1}\mathfrak{u}_{ij}^{m} + O(\tau^3).$$

It was for this equation that GOURLAY and MITCHELL [8] suggested introducing the transformation $\mathfrak{w}_{ij}^{m} = (I-\frac{\tau}{2}L_1)^{-1}\mathfrak{u}_{ij}^{m}$ to obtain a LOD method of accuracy $O(\tau^2)$. However, as noted in [12] this process does not generalize to a higher number of space dimensions. As a result of their approach described above (full details can be found in [4]) Gourlay and Mitchell concluded that no high accuracy$((O(\tau^2))$ LOD method exists in general for dimensions greater than 2.

If we apply equation (2. 4) over an interval with time step 2τ we find

(2. 5) $$\mathfrak{v}_{ij}^{m+2} = exp(\tau L_1)exp(2\tau L_2)exp(\tau L_1)\,\mathfrak{u}_{ij}^{m} + O(\tau^3).$$

We may then use the fact that $exp(2\tau L_2) = exp(\tau L_2)exp(\tau L_2) + O(\tau^3)$ so that equation (2. 5) becomes

(2. 6) $$\mathfrak{v}_{ij}^{m+2} = exp(\tau L_1)exp(\tau L_2)exp(\tau L_2)exp(\tau L_1)\,\mathfrak{u}_{ij}^{m} + O(\tau^3).$$

$(1,1)$ Padé approximations are then proposed for each exponential so that we obtain

$$\mathfrak{v}_{ij}^{m+2} = (I-\frac{\tau}{2}L_1)^{-1}(I+\frac{\tau}{2}L_1)(I-\frac{\tau}{2}L_2)^{-1}(I+\frac{\tau}{2}L_2)(I-\frac{\tau}{2}L_2)^{-1}(I+\frac{\tau}{2}L_2)\times$$
$$\times (I-\frac{\tau}{2}L_1)^{-1}(I+\frac{\tau}{2}L_1)\,\mathfrak{u}_{ij}^{m} + O(\tau^3).$$

This equation therefore becomes the basis for introducing finite difference approximations to the spatial derivatives in the operators L_1 and L_2. If we assume such approximations (the central difference operator δ_x^2 for second order spatial derivatives) give rise to matrices $-\frac{U_1}{h^2}$ and $-\frac{U_2}{h^2}$ for L_1 and L_2 respectively, we obtain the finite difference method

(2.7)
$$\mathfrak{v}_{ij}^{m+2} = (I+\tfrac{r}{2}U_1)^{-1}(I-\tfrac{r}{2}U_1)(I+\tfrac{r}{2}U_2)^{-1}(I-\tfrac{r}{2}U_2)(I+\tfrac{r}{2}U_2)^{-1}(I-\tfrac{r}{2}U_2)\times$$
$$\times (I+\tfrac{r}{2}U_1)^{-1}(I-\tfrac{r}{2}U_1)\mathfrak{v}_{ij}^{m}$$

which is accurate $O(\tau^2 + h^{\sigma_1} + h^{\sigma_2})$ where $\frac{-U_1}{h^2}$ and $\frac{-U_2}{h^2}$ are $O(h^{\sigma_1})$, $O(h^{\sigma_2})$ accurate approximations to L_1 and L_2 respectively and $r = \frac{\tau}{h^2}$ is the mesh ratio. In a more conventional notation we see that Eq. (2.7) is equivalent to

(2.8)
$$\left.\begin{array}{l}\left.\begin{array}{l}\mathfrak{v}_{ij}^{*m+1} = (I+\tfrac{r}{2}U_1)^{-1}(I-\tfrac{r}{2}U_1)\mathfrak{v}_{ij}^{m}\\ \mathfrak{v}_{ij}^{m+1} = (I+\tfrac{r}{2}U_2)^{-1}(I-\tfrac{r}{2}U_2)\mathfrak{v}_{ij}^{*m+1}\end{array}\right\}\text{LOD}\\ \\ \left.\begin{array}{l}\mathfrak{v}_{ij}^{*m+2} = (I+\tfrac{r}{2}U_2)^{-1}(I-\tfrac{r}{2}U_2)\mathfrak{v}_{ij}^{m+1}\\ \mathfrak{v}_{ij}^{m+2} = (I+\tfrac{r}{2}U_1)^{-1}(I-\tfrac{r}{2}U_1)\mathfrak{v}_{ij}^{*m+2}\end{array}\right\}\text{LOD}\end{array}\right\}\text{ADLOD}$$

where $\mathfrak{v}_{ij}^{*}$ is an intermediate solution introduced for computational convenience only. Because the algorithm consists of two LOD sweeps applied in alternating directions we call the method Alternating Directions Locally One Dimensional (ADLOD).

If we now relax the assumption that L does not depend upon t we see that substituting for $\frac{\partial}{\partial t}$ in equation (2.2) now has to be carried out with care. For example, the straightforward substitution of L for $\frac{\partial}{\partial t}$ with the argument t of L evaluated at some arbitrary point produces an accuracy of $O(\tau)$, in general. Thus $\mathfrak{u}_{ij}^{m+1} = exp(\tau L(t))\mathfrak{u}_{ij}^{m} + O(\tau^2)$ (we again supress the obvious dependence of L on D^2). Consequently any further approximations can yield at most first order accuracy in time. However, if we assume the argument t of L is evaluated at some intermediate point $t^* = (m+\alpha)\tau$ then we may choose α so that

(2.9)
$$\mathfrak{u}_{ij}^{m+1} = exp(\tau L(t^*))\mathfrak{u}_{ij}^{m}$$

is accurate to second order in time. It is a straightforward calculation by Taylor Series to show that $\alpha = \frac{1}{2}$ yields the required order of accuracy. Thus the approximation is made to the Baker Hausdorff expansion of the exponential in equation (2.9) and the Padé approximations substituted for the resulting expressions.

In constructing the ADLOD method for L with time dependent coefficients we once again have to be careful in evaluating the argument t when writing

$$exp(2\tau L_2) = exp(\tau L_2)exp(\tau L_2) + O(\tau^3).$$

It may be easily shown that the basis for Padé approximations is

$$\mathfrak{v}_{ij}^{m+2} = exp(\tau L_1(t^{**}))\,exp(\tau L_2(t^{**}))\,exp(\tau L_2(t^{*}))\,exp(\tau L_1(t^{*}))\,\mathfrak{u}_{ij}^{m} + O(\tau^3)$$

where

$$t^{**} = (m + \frac{3}{2})\tau \quad \text{and} \quad t^{*} = (m + \frac{1}{2})\tau .$$

It is now a straightforward extension to include the dependence of L on the unknown $\mathfrak{u}$. By repeating a similar analysis carried out for the time dependent operators it can be seen

$$\mathfrak{v}_{ij}^{m+2} = exp(\tau L_1(\mathfrak{u}^{**}, t^{**}))\,exp(\tau L_2(\mathfrak{u}^{**}, t^{**}))\,exp(\tau L_2(\mathfrak{u}^{*}, t^{*}))\,exp(\tau L_1(\mathfrak{u}^{*}, t^{*}))\,\mathfrak{u}_{ij}^{m} + O(\tau^3)$$

provides the basis for introducing Padé approximations to the exponentials. Here $\mathfrak{u}^{**} \equiv \mathfrak{u}((m + \frac{3}{2})\tau)$ and $\mathfrak{u}^{*} \equiv \mathfrak{u}((m + \frac{1}{2})\tau)$ would be given by a predictor formula. t^* and t^{**} are as before.

Finally we give the obvious counterpart of the ADLOD method given by equation (2. 8) for the general equation (1. 1) assuming L to satisfy equation (1. 3). To do this we need to introduce a slightly modified notation.

Let $\mathfrak{v}_{0,1} \equiv \mathfrak{v}_{ij}^{m}$; $\mathfrak{v}_{1,2} \equiv \mathfrak{v}_{ij}^{m+2}$; U_q^*, $q = 1, 2, \ldots, s$ are the matrices arising from the discrete (finite difference) approximations to $L_q(\mathfrak{u}^*, \mathfrak{r}, t^*)$ and U_q^{**}, $q = 1, 2, \ldots, s$ are the matrices corresponding to $L_q(\mathfrak{u}^{**}, \mathfrak{r}, t^{**})$. The ADLOD method for equation (1. 1) in s space dimensions can then be defined by

$$(I + r\,U_q^{+})\mathfrak{v}_{q,l} = (I - r\,U_q^{+'})\mathfrak{v}_{q-p,l'}$$

where the formula is applied first with

	$q = 1, 2, \ldots, s$; $l = 1$; $l' = 1$; $p = 1$
then with	$q = s$; $l = 2$; $l' = 1$; $p = 0$
and finally with	$q = s-1, s-2, \ldots, 2, 1$; $l = 2$; $l' = 2$; $p = -1$

where $U_q^{+} = U_q^{+'} = U_q^{*}$ for $p = 1$

$U_q^{+} = U_q^{**};\ U_q^{+'} = U_q^{*}$ for $p = 0$

and $U_q^{+} = U_q^{+'} = U_q^{**}$ for $p = -1$.

3. ALTERNATING DIRECTION MULTISTEP FORMULATION FOR HYPERBOLIC SYSTEMS

We will again assume, for simplicity of development, that $s = 2$ in equation (1. 2). For such an equation STRANG [16] considered approximations to the partial differential equation based on the formula

$$\mathfrak{v}_{ij}^{m+1} = \frac{1}{2}[exp(\tau L_1(\mathfrak{u}^*, \mathfrak{r}, t^*, D))exp(\tau L_2(\mathfrak{u}^*, \mathfrak{r}, t^*, D)) + $$
$$+ exp(\tau L_2(\mathfrak{u}^*, \mathfrak{r}, t^*, D))\, exp(\tau L_1(\mathfrak{u}^*, \mathfrak{r}, t^*, D))]\mathfrak{u}_{ij}^{m} + O(\tau^3).$$

Let M_1 and M_2 be $O(h^2)$ accurate finite difference replacements of $exp(\tau L_1(\mathfrak{u}^*, \mathfrak{r}, t^*, D))$ and $exp(\tau L_2(\mathfrak{u}^*, \mathfrak{r}, t^*, D))$ respectively. Then

(3. 1) $$\mathfrak{v}_{ij}^{m+1} = \frac{1}{2}(M_1 M_2 + M_2 M_1)\mathfrak{v}_{ij}^{m}$$

is an $O(\tau^2 + h^2)$ accurate approximation to Eq. (1. 2) with $s = 2$. The finite difference replacements M_1 and M_2 can be any second order accurate operators. It is usual to choose such operators which are optimally stable. For example M_1 and M_2 could be the one dimensional two step Lax Wendroff methods in the variables x_1 and x_2 respectively. A discussion of this formulation is contained in [8]. If one compares the efficiency of a method on the basis of the number of function evaluations required to progress to a given point in time it is found that the above method requires twice as many function evaluations as the two step Lax Wendroff method in two space variables. However, the two step Lax Wendroff method requires $\sqrt{2}$ times as many time steps to reach a given point in time, if we assume M_1 and M_2 are optimally stable, by virtue of the stability condition. Hence the method based on equation (3. 1) in $\sqrt{2}$ as inefficient, in terms of function evaluations, as the two step Lax Wendroff method. If instead we propose the alternative formula based on equation (2. 4)

$$\mathfrak{v}_{ij}^{m+1} = M_{\frac{1}{2}} M_2 M_{\frac{1}{2}} \mathfrak{v}_{ij}^{m} \tag{3.2}$$

where $M_{\frac{1}{2}}$ is M_1 with τ replaced by $\frac{\tau}{2}$, then the balance of efficiency compared with the two step Lax Wendroff method becomes somewhat finer. By noting that $M_{\frac{1}{2}} M_{\frac{1}{2}} = M_1 + O(\tau^3)$ then

$$\mathfrak{v}_{ij}^{m+2} = M_{\frac{1}{2}} M_2 M_1 M_2 M_{\frac{1}{2}} \mathfrak{v}_{ij}^{m} \tag{3.3}$$

is a more efficient implementation of equation (3.2) over two time steps. Consequently, asymptotically, the multistep formulation based on (3.2) with combinations of operators at intermediate levels will require the same number of function evaluations as the two step Lax Wendroff method and have the $\sqrt{2}$ less restrictive stability condition. Thus at this stage one would conclude that the multistep formulation was the more efficient and the more convenient method to use. However, with the WILSON formulation of the two step Lax Wendroff method [18] where this method obtains optimal stability it again becomes unclear which method would be used in practice. We therefore propose approximations based on equation (2.6) so that the new multistep formulation becomes

$$\mathfrak{v}_{ij}^{m+2} = M_1 M_2 M_2 M_1 \mathfrak{v}_{ij}^{m}$$

which requires exactly the number of function evaluations as the two step Lax Wendroff method and, for optimally stable M_1 and M_2, is optimally stable. This therefore has to be more efficient than Wilson's algorithm. In addition the algorithm in many space variables is simple to analyse which is not a property of the algorithm described in [18].

Thus for problem (1.2) in s space dimensions we conclude that choosing finite difference operators M_q which are second order accurate and optimally stable produces a second order accurate optimally stable approximation in s space dimensions given by

$$\mathfrak{v}_{ij}^{m+2} = \prod_{q=1}^{s} M_q \prod_{q=s}^{1} M_q \, \mathfrak{v}_{ij}^{m} . \tag{3.4}$$

Furthermore, by noting that the expression $\prod_{q=s}^{1} M_q \mathfrak{v}_{ij}^{m}$ produces a first order approximation to $\mathfrak{u}_{ij}^{m+1}$ we are able to use the boundary data given by the differential equation. This is in contrast to the formulation suggested by Eq. (3. 3) and the necessary boundary formulae discussed in [9].

Example.

Consider equation (1. 2) with $L \equiv -\frac{\partial \mathfrak{f}}{\partial x_1} - \frac{\partial \mathfrak{g}}{\partial x_2}$ where $\mathfrak{f} \equiv \mathfrak{f}(\mathfrak{u})$, $\mathfrak{g} \equiv \mathfrak{g}(\mathfrak{u})$ are given vector functions of $\mathfrak{u}$. Let us propose as M_1 and M_2 the one dimensional two step Lax Wendroff operators

$$M_1 \equiv \begin{cases} \mathfrak{w}_{ij}^{(1)} = \mu_{x_1} \mathfrak{v}_{ij}^{m} - \frac{p}{2} \delta_{x_1} \mathfrak{f}_{ij}^{m} \\ \mathfrak{w}_{ij}^{(2)} = \mathfrak{v}_{ij}^{m} - p \delta_{x_1} \mathfrak{f}_{ij}^{(1)} \end{cases}$$

$$M_2 \equiv \begin{cases} \mathfrak{w}_{ij}^{(1)} = \mu_{x_2} \mathfrak{v}_{ij}^{m} - \frac{p}{2} \delta_{x_2} \mathfrak{g}_{ij}^{m} \\ \mathfrak{w}_{ij}^{(2)} = \mathfrak{v}_{ij}^{m} - p\, \delta_{x_2} \mathfrak{g}_{ij}^{(2)} \end{cases}$$

where $\mathfrak{f}_{ij}^{m} \equiv \mathfrak{f}(\mathfrak{v}_{ij}^{m})$; $\mathfrak{g}_{ij}^{m} \equiv \mathfrak{g}(\mathfrak{v}_{ij}^{m})$; $\mathfrak{f}_{ij}^{(1)} = \mathfrak{f}(\mathfrak{w}_{ij}^{(1)})$; $\mathfrak{w}_{ij}$ are variables introduced for computational convenience,

$$\delta_{x_1} \mathfrak{f}_{ij}^{m} = \mathfrak{f}(\mathfrak{v}_{i+\frac{1}{2}j}^{m}) - \mathfrak{f}(\mathfrak{v}_{i-\frac{1}{2}j}^{m}); \quad \delta_{x_2} \mathfrak{g}_{ij}^{m} = \mathfrak{g}(\mathfrak{v}_{ij+\frac{1}{2}}^{m}) - g(\mathfrak{v}_{ij-\frac{1}{2}}^{m})$$

$$\mu_{x_1} \mathfrak{v}_{ij}^{m} = \frac{1}{2}(\mathfrak{v}_{i+\frac{1}{2}j}^{m} + \mathfrak{v}_{i-\frac{1}{2}j}^{m}); \quad \mu_{x_2} \mathfrak{v}_{ij}^{m} = \frac{1}{2}(\mathfrak{v}_{ij+\frac{1}{2}}^{m} + \mathfrak{v}_{ij-\frac{1}{2}}^{m})$$ and $p = \frac{\tau}{h}$ is the mesh ratio.

The Alternating Direction Multistep formulation is then defined by

$$\mathfrak{w}_{ij}^{(1)} = \mu_{x_1} \mathfrak{v}_{ij}^{m} - \frac{p}{2} \delta_{x_1} \mathfrak{f}_{ij}^{m}$$

$$\mathfrak{w}_{ij}^{(2)} = \mathfrak{v}_{ij}^{m} - p\, \delta_{x_1} \mathfrak{f}_{ij}^{(1)}$$

$$\mathfrak{w}_{ij}^{(3)} = \mu_{x_2} \mathfrak{v}_{ij}^{(2)} - \frac{p}{2} \delta_{x_2} \mathfrak{g}_{ij}^{(2)}$$

$$\mathfrak{w}_{ij}^{(4)} = \mathfrak{w}_{ij}^{(2)} - p\, \delta_{x_2} \mathfrak{g}_{ij}^{(3)}$$

$$\mathfrak{w}_{ij}^{(5)} = \mu_{x_2} \mathfrak{w}_{ij}^{(4)} - \frac{p}{2} \delta_{x_2} \mathfrak{g}_{ij}^{(4)}$$

$$\mathfrak{w}_{ij}^{(6)} = \mathfrak{w}_{ij}^{(4)} - p\, \delta_{x_2} \mathfrak{g}_{ij}^{(5)}$$

$$\mathfrak{w}_{ij}^{(7)} = \mu_{x_1} \mathfrak{w}_{ij}^{(6)} - \frac{p}{2} \delta_{x_1} \mathfrak{f}_{ij}^{(6)}$$

$$\mathfrak{w}_{ij}^{(8)} = \mathfrak{w}_{ij}^{(6)} - p\, \delta_{x_1} \mathfrak{f}_{ij}^{(7)}$$

$$\mathfrak{v}_{ij}^{m+2} = \mathfrak{w}_{ij}^{(8)} .$$

4. CONCLUDING REMARKS

We have studied splitting methods which give rise to efficient and simple algorithms for partial differential equations in many space variables. The resulting algorithms are based upon a natural combination of one dimensional methods which retain accuracy without requiring the commutation of operators. Stability properties of the one dimensional methods carry over simply to the multidimensional problems giving rise to simple analyses.

Numerical results for these algorithms will be reported in full elsewhere. For the parabolic equations the results will be reported in [9] where the problem of intermediate boundary conditions will also be discussed. For the hyperbolic problem a critical comparison of the Alternating Direction Multistep Formulation and the algorithm of Wilson will be reported in [15].

REFERENCES

1. Courant, R., K. Friedrichs and H. Lewy: On the Partial Difference Equations of Mathematical Physics. IBM Journ. of research and development, 11 (1967), 213-234.

2. D'jakonov, Ye. G.: On the application of disintegrating difference operators. Mat. i Mat. Fiz., 3 (1963), 385-388.

3. Fairweather, G. and A. R. Mitchell: A New Computational procedure for ADI methods. SIAM J. Num. Anal. 4 (1967), 163-170.

4. Gourlay, A. R. and A. R. Mitchell: On the Structure of Alternating Direction Implizit (ADI) and Locally One Dimensional (LOD) methods. JIMA 9 (1972), 80-90.

5. Gourlay, A. R. and J. Ll. Morris: A Multistep Formulation of the Optimized Lax-Wendroff method for Nonlinear Hyperbolic Systems in two space variables. Maths. of Comp. 22 (1968), 715-720.

6. Gourlay, A. R. and J. Ll. Morris: On the Comparison of Multistep Formulations of the Optimized Lax-Wendroff Method for Nonlinear Hyperbolic Systems in Two Space Variables. J. Com. Phys. 5 (1970), 229-243.

7. Gourlay, A. R. and J. Ll. Morris: Deferred approach to the limit in non-linear hyperbolic systems. Computer Journ. 11 (1968), 95-101.

8. Gourlay, A. R., G. R. McGuire and J. Ll. Morris: One dimensional methods for the numerical solution of nonlinear hyperbolic systems. Conference on Applications of Numerical Analysis, Vol. 228 Lecture Notes in Mathematics, Springer-Verlag (1971).

9. Lawson, J. D. and J. Ll. Morris: Alternating Direction locally Dimensional Methods for partial Differential Equations in space variables. (1972).

10. McGuire, G. R. and J. Ll. Morris: Boundary techniques for the multistep formulation of the optimized Lax Wendroff method for nonlinear hyperbolic systems in two space variables. (to appear) JIMA, 1972.

11. Mitchell, A. R.: Computational Methods in Partial Differential Equations. John Wiley and Sons (1969).

12. Morris, J. Ll.: On the Numerical Solution of a heat Equation associated with a thermal print head. J. Comp. Phys. 5 (1970), 208-228.

13. Richtmyer, R.: A survey of difference methods for nonsteady fluid dynamics. NCAR Tech., Notes 63-2, (1963).

14. Samarskii, A. A.: An economic method of solving the multidimensional parabolic equation in an arbitrary region. Zh. Vych. Mat. Mat. Fiz. 2 (1962), 787-811.

15. Marshall-Smith, J.: M. Sc. Thesis, University of Dundee (1973).

16. Strang, W. G.: Accurate Partial Difference Methods II: Non linear problems. Num. Math. 6 (1964), 37-46.

17. Strang, W. G.: On the construction and comparison of Difference Schemes. SIAM J. Numer. Anal. 5 (1968), 506-517.

18. Wilson, J. C.: Stability of Richtmyer type difference schemes in any finite number of space variables and their comparison with multistep Strang schemes. (to appear) JIMA (1972).

ISNM 19 Birkhäuser Verlag, Basel und Stuttgart, 1974

ZUR ANALYTISCHEN FORTSETZUNG VON POTENZREIHENLÖSUNGEN

von W. Niethammer in Mannheim

ZUSAMMENFASSUNG

Für die Aufgabe, eine durch eine Potenzreihe gegebene Lösung einer Differentialgleichung über den Rand ihres Konvergenzkreises hinaus fortzusetzen, werden numerische Algorithmen diskutiert, die sich aus einem klassischen Ansatz ableiten lassen. Eine Variante, die sich als Anwendung eines Summierungsverfahrens auf die gegebene Potenzreihe beschreiben läßt, wird ausführlich auf ihre numerische Brauchbarkeit untersucht. Dazu gehören Fragen wie die rekursive Berechnung der Summierungsmatrix, der "Konvergenzbereich" eines gegebenen Verfahrens und Aussagen über die Konvergenzgeschwindigkeit der transformierten Reihe.

1. EINLEITUNG

Hat eine gewöhnliche Differentialgleichung in der Umgebung eines Punktes, z. B. $z = 0$, holomorphe Koeffizienten, so führt häufig der Ansatz einer Potenzreihe zu einer Lösung f. Der Konvergenzradius dieser Potenzreihe hängt von den Singularitäten von f ab. Oft ist es erforderlich, die Lösung in Punkten zu berechnen, in denen die Potenzreihe nicht mehr konvergiert; f muß dann in einen Bereich außerhalb des Konvergenzkreises fortgesetzt werden. Als Beispiel sei hier die Arbeit von ZELMER [8] erwähnt, in der ein numerisches Verfahren zur Fortsetzung der beim Zwei- und Dreikörperproblem auftretenden Potenzreihenlösungen diskutiert wird.

Wir wollen hier einige klassische Methoden zur analytischen Fortsetzung kurz beschreiben und dann darauf eingehen, wie sich diese analytischen Verfahren in Algorithmen umsetzen lassen. Dabei wünscht man sich im Idealfall ein Rechenmaschinenprogramm, das als Eingabe die Koeffizienten der Potenzreihe von f sowie Informationen über die Singularitäten verwendet und als Ausgabe den Wert $f(z)$ für ein z außerhalb des Konvergenzkreises zusammen mit einer Fehlerabschätzung liefert. Da der Wert $f(z)$ vom Fortsetzungsweg abhängt, muß noch präzisiert werden: z soll dem sogenannten MITTAG-LEFFLERschen Hauptstern angehören (dieser besteht aus allen Holomorphiepunkten von f, die man bei radialer Fortsetzung von o aus erreicht), und es soll derjenige Wert $f(z)$ berechnet werden, der sich bei radialer Fortsetzung ergibt. Dieses numerische Problem ist bisher noch kaum in der Literatur behandelt worden. Wir werden zwei Ansätze kurz beschreiben und ein drittes Verfahren ausführlich diskutieren. Vorweg soll gesagt werden, daß in dem oben präzisierten Sinn keine Methode zu einem idealen Algorithmus führt.

2. DAS ALLGEMEINE VERFAHREN

Die Verfahren, die wir hier betrachten wollen, wurden schon zum Teil am Ende des letzten Jahrhunderts in der Literatur untersucht. PERRON [5] gibt einen zusammenfassenden Bericht. In ähnlicher Weise wollen wir die Verfahren zunächst formal vorstellen.

Gegeben sei die in o holomorphe Funktion f durch ihre Potenzreihe

$$f(z) = \sum_{m=o}^{\infty} u_m z^m \text{ (konvergent für } |z| \leq R). \tag{1}$$

Ferner betrachten wir eine zumindest in o, meistens jedoch im abgeschlossenen Einheitskreis holomorphe Funktion p mit der Potenzreihe

$$p(\Phi) = \sum_{j=o}^{\infty} p_j \Phi^j \tag{2}$$

und substituieren

(3) $$z = z_0 \cdot p(\Phi),$$

d. h. wir bilden

(4) $$F(\Phi; z_0) := f(z_0 p(\Phi)) \sim \sum_{m=0}^{\infty} u_m z_0^m \cdot [p(\Phi)]^m$$

($\sim$ soll andeuten, daß es sich zunächst nur um eine formale Zuordnung handelt). Um nach Potenzen von Φ umordnen zu können, führen wir

(5) $$[p(\Phi)]^m = \sum_{j=0}^{\infty} p_{jm} \Phi^m \qquad (m = 0, 1, \ldots)$$

ein. Diese Umordnung ist für kleine Φ sicher zulässig, wenn $z_0 p_0$ im Innern des Konvergenzkreises von (1) liegt, d. h. wenn

(6) $$|z_0 p_0| < R$$

ist. Wir erhalten

(7) $$F(\Phi; z_0) \sim \sum_{j=0}^{\infty} v_j(z_0) \Phi^j$$

mit

(8) $$v_j(z_0) \sim \sum_{k=0}^{\infty} u_k p_{jk} z_0^k.$$

In der Matrix $\mathfrak{P} = (p_{ij})_{i,j=0,1,\ldots}$ bestehen die Spalten gerade aus den Koeffizienten von p^j. Falls $\mathfrak{P}$ zeilenfinit ist (d. h. in jeder Zeile nur endlich viele Elemente von 0 verschieden sind), also insbesondere wenn $\mathfrak{P}$ untere Dreiecksmatrix ist, dann sind die v_j Polynome in z_0, wie man aus (8) erkennt. Für numerische Zwecke ist dieser Fall besonders interessant.

Durch geeignete Wahl von z_0, p und Φ lassen sich nun verschiedene Verfahren zur analytischen Fortsetzung gewinnen. Was die Originalarbeiten zu den angegebenen Methoden anbelangt, sei hier auf PERRON [5] und ZELLER-BEEKMANN ([7], S. 145 ff.) verwiesen.

3. METHODE VON WEIERSTRASS

Man erhält in Abschnitt 2 einen Schritt der klassischen Kreisscheibenmethode von WEIERSTRASS, indem man $z_0 = 1$ und $z = p_0 + \Phi$, d. h. $\Phi = z - p_0$ setzt. (7) stellt dann eine Entwicklung von f nach Potenzen von $z - p_0$ dar. Die Bedingung (6) besagt, daß p_0 in Innern des Konvergenzkreises von (1) liegen muß. Die analytische Tragweite dieser Methode liegt bekanntlich darin, daß man diesen Prozeß leicht iterieren kann. Numerisch wirkt sich dabei erschwerend aus, daß die Spalten von $\mathfrak{P}$ aus den Koeffizienten von $(p_0 + \Phi)^k$ bestehen; $\mathfrak{P}$ ist also obere Dreiecksmatrix. Dies bedeutet, daß sich die Koeffizienten v_j nach (7) aus einer unendlichen Reihe ergeben. Bei der numerischen Rechnung treten Abbrechfehler auf, die sich bei der Iterierung der Schritte kumulieren. HENRICI [1] hat eine konstruktive Version dieses klassischen Verfahrens angegeben; Beispiele zeigen, daß diese Methode - wenn man sie programmiert - nur für die Berechnung von $f(z)$ für Werte von z in der Nähe des Konvergenzkreises gebraucht werden kann.

4. METHODE VON LINDELÖF

Wir nehmen an, daß f in einen einfach zusammenhängenden Bereich B, der 0 enthält, fortgesetzt werden soll (dies bedeutet, daß f auch in einem Teil des ursprünglichen Konvergenzkreises durch die transformierte Reihe (7) dargestellt wird). Wählen wir dann $z_0 = 1$ und die Funktion p mit $p(0) = 0$ so, daß der Einheitskreis der Φ-Ebene eineindeutig und konform auf B abgebildet wird, so lassen sich alle Werte $f(z)$ für $z \in B$ aus (7) berechnen, wenn man noch die Umkehrabbildung $\Phi = p^{-1}(z)$ heranzieht. Weil $p_0 = 0$ ist, wird $\mathfrak{P}$ eine untere Dreiecksmatrix; die Koeffizienten v_j errechnen sich aus endlichen Summen. Diese auf LINDELÖF zurückgehende Methode wurde für numerische Zwecke von KUBLANOWSKAYA [3] vorgeschlagen. Die Koeffizienten v_j werden dabei für verschiedene p in Tabellenform angegeben, wie es bei der Benutzung von Tischrechenmaschinen zweckmäßig ist. Will man das Verfahren programmieren, sollte man ähnlich wie bei der folgenden Methode die Elemente von $\mathfrak{P}$ rekursiv berechnen.

5. ALLGEMEINE EULER-VERFAHREN

Verwenden wir in der unter Abschnitt 2 beschriebenen allgemeinen Methode ein p mit $p(1) = 1$, setzen $\Phi = 1$ und $z_0 = z$, so kommen wir zu den allgemeinen EULER-Verfahren. Die Herleitungen und Beweise dazu sind in [4] ausführlich dargestellt, so daß wir uns hier auf eine Beschreibung der Ergebnisse und einen Vergleich mit den anderen Methoden beschränken können. Die Reihe

$$f(z) = F(1, z) \sim \sum_{j=0}^{\infty} v_j(z) \tag{9}$$

ist die Transformierte der Ausgangsreihe $\sum_{m=0}^{\infty} u_m z^m$. Diese Transformation läßt sich auch als Matrix-Summierungsverfahren in Reihe-Reihe-Form darstellen (vgl. ZELLER-BEEKMANN [7], S. 6 und S. 132; von dort stammt auch die Bezeichnung dieses Verfahrens). Dazu führen wir die Vektoren

$$\mathfrak{u}^T(z) := (u_0, u_1, u_2 z^2, \ldots), \quad \mathfrak{v}^T(z) := (v_0(z), v_1(z), \ldots)$$

ein. Es ist dann

$$\mathfrak{v}(z) \sim \mathfrak{P} \cdot \mathfrak{u}(z). \tag{10}$$

Ist $p(0) = 0$ und damit $p_0 = 0$, so wird $\mathfrak{P}$ eine untere Dreiecksmatrix; die v_j sind dann Polynome vom Grad j. Falls die Reihe (9) konvergiert, so interessieren fast noch mehr als die Reihenglieder v_j die Teilsummen $t_m(z) := \sum_{j=0}^{m} v_j(z)$. Auch diese lassen sich leicht aus $\mathfrak{u}(z)$ erhalten, wenn wir die Matrix

$$\tilde{\mathfrak{P}} := \mathfrak{P} \cdot \Sigma \quad \text{mit} \quad \Sigma = \begin{pmatrix} 1 & 0 & 0 & 0 & . & . \\ 1 & 1 & 0 & 0 & . & . \\ 1 & 1 & 1 & 0 & . & . \\ . & . & . & . & . & . \end{pmatrix}$$

einführen. Mit $\mathfrak{t}^T(z) := (t_0(z), t_1(z), t_2(z), \ldots)$ wird $\mathfrak{t}(z) \sim \tilde{\mathfrak{P}} \cdot \mathfrak{u}(z)$; auch die t_m sind wieder Polynome vom Grad m.

Bevor wir die Frage der Konvergenz aufgreifen, soll noch etwas zum Algorithmus gesagt werden. Wünschenswert zur Berechnung von v_j bzw. t_j wäre eine Rekursionsformel, in die nur die gegebenen Koeffizienten u_j von f und p_j von p sowie schon errechnete Glieder $v_{j-1}(z), \ldots, v_0(z)$ eingehen. Eine derartige Formel läßt sich nur für $u_j \equiv 1$, d. h. für die geometrische Reihe aufstellen.

In allen anderen Fällen wird man in zwei Schritten vorgehen:

1. Berechnung der Elemente von $\mathfrak{P}$ bzw. $\tilde{\mathfrak{P}}$.
2. Auswertung der Polynome $v_j(z)$ bzw. $t_j(z)$.

Aus der Identität $[p(\Phi)]^m = [p(\Phi)]\cdot[p(\Phi)]^{m-1}$ gewinnt man die Rekursionsformel

(11) $$p_{oo} = 1, \quad p_{ko} = o \qquad (k > o),$$

(12) $$p_{kn} = \sum_{i=1}^{k-n} p_i p_{k-i,n-1} \qquad (k \geq 1,\ 1 \leq n \leq k).$$

Damit läßt sich $\mathfrak{P}$ zeilenweise berechnen. Die Anzahl der Multiplikationen zur Berechnung von $\mathfrak{P}$ bis zur Zeile mit Index m ist $m^3/6 + O(m^2)$. Für $\tilde{\mathfrak{P}}$ ergibt sich die gleiche Rekursionsformel (12); lediglich für die erste Spalte gilt:

$$\tilde{p}_{ko} = 1 \qquad (k \geq o).$$

Für die Anwendung besonders interessant ist noch die folgende Klasse von Funktionen p, die nicht als Potenzreihe, sondern in geschlossener Form gegeben ist:

(13) $$p(\Phi) = s_o\Phi/(1-s_1\Phi-s_2\Phi^2- \dots - s_J\Phi^J), \quad (s_o+s_1 \dots +s_J=1).$$

Hier ergeben sich bei gleichen Startwerten (11) die Rekursionsformeln:

(14) $$p_{kn} = s_o p_{k-1,n-1} - \sum_{j=1}^{J} s_j p_{k-j,n}\,.$$

Die Anzahl der Multiplikationen bis zur Zeile mit Index m ist hier $(J+1)m^2/2 + O(m)$. In den besonders interessanten Fällen $J = 1$ und $J = 2$ ergibt sich eine beträchtliche Reduzierung des Rechenaufwandes.

Nun zur Frage der Konvergenz: Die Reihe (9) $\sum_{j=o}^{\infty} v_j(z)$ erhalten wir aus der Reihe (4) für $F(\Phi;z)$, indem wir $\Phi = 1$ setzen. Also wird (9) sicher konvergieren, wenn $F(\cdot\,;z)$ in $\bar{D}$ (abgeschlossene Einheitskreisscheibe) holomorph ist. Dies hängt wieder von den Singularitäten von f und den Eigenschaften von p ab.

Zunächst präzisieren wir:

DEFINITION 1: *Die Funktion* $p : \bar{D} \to C$ *genügt der Voraussetzung V genau dann, wenn*

a) $p(0) = 0, \; p(1) = 1,$

b) p *holomorph und schlicht in* $\bar{D}$ *und*

c) $p(\bar{D})$ *sternförmig bezüglich* 0 *ist.*

Genügt p der Voraussetzung V, so ist der Bildbereich $p(\bar{D})$ mit Rand Γ^* einfach zusammenhängend; 0 liegt im Innern, 1 auf dem Rand. Bei Spiegelung am Einheitskreis gehe Γ^* in Γ über; das Innengebiet von Γ nennen wir Δ (0 ist also in Δ enthalten). Hat f nur die Singularität $\zeta_1 = 1$, so konvergiert (9) gerade für alle $z \in \Delta$ (dabei wird der Zusammenhang $f(z \cdot p(\Phi)) = F(\Phi; z)$ ausgenutzt.) Mit Hilfe des CAUCHYschen Integralsatzes folgt dann der folgende Satz, der z. B. bei PERRON [6] bewiesen wird:

Hat f die Singularitäten $\zeta_1, \ldots, \zeta_L$ und genügt p der Voraussetzung V, so konvergiert $\sum_{j=0}^{\infty} v_j(z)$ gegen $f(z)$ für

$$z \in \Delta(f,p) := \bigcap_{\lambda=1}^{L} \zeta_\lambda \Delta .$$

(Dabei ist $\zeta_\lambda \Delta := \{z \in \mathbb{C} \mid z = \zeta_\lambda z', \; z' \in \Delta .\}$ $\Delta(f,p)$ nennen wir den Fortsetzungsbereich von f bezüglich p.

Für numerische Zwecke ist es wichtig, etwas über die Konvergenzgeschwindigkeit der Reihe (9) zu wissen; da wir im Grunde eine Potenzreihe im Punkt $\Phi = 1$ auswerten, wird die Konvergenz umso schneller sein, je weiter der Punkt $\Phi = 1$ vom Rand des Konvergenzkreises der Potenzreihe (4) entfernt ist. Dies legt nahe, den reziproken Konvergenzradius von (4) als Maß für die Konvergenzgeschwindigkeit einzuführen.

DEFINITION 2: *Konvergiert die Reihe* $\sum_{j=0}^{\infty} v_j(z)$, *so nennen wir*

$\varkappa(z) := \overline{\lim_{j\to\infty}} \, |v_j(z)|^{1/j}$ *den Konvergenzfaktor dieser Reihe.*

Besitzt eine Reihe $\sum_{j=0}^{\infty} v_j(z)$ den Konvergenzfaktor $\varkappa = \varkappa(z)$, so heißt dies, daß sie ungefähr so schnell konvergiert wie die geometrische Reihe mit dem Faktor $\varkappa$.

Bei stärkeren Voraussetzungen über p lassen sich auch Aussagen über $\varkappa(z)$ gewinnen: Ist D_r die offene Kreisscheibe vom Radius $r > 1$, und gelten die in Definition 1 genannten Voraussetzungen auch für D_r anstelle von $\bar{D}$, so ist auch $\dot{p}(D_r)$

einfach zusammenhängend. Sei Γ_r^* der Rand von $p(D_r)$, Γ_r das Bild von Γ_r^* bei Spiegelung am Einheitskreis und $\bar{\Delta}_r$ das Innengebiet einschließlich des Randes Γ_r. $\bar{\Delta}_r$ ist dann für $r > 1$ in Δ enthalten. Es gilt:

Hat f die Singularitäten $\zeta_1, \ldots, \zeta_L$, und genügt p den in Definition 1 genannten Voraussetzungen in D_r $(r > 1)$, so ist

$$\kappa(z) \leq 1/r \quad \text{für} \quad z \in \bar{\Delta}_r(f,p) := \bigcap_{\lambda=1}^{L} \zeta_\lambda \bar{\Delta}_r .$$

Wir nennen $\bar{\Delta}_r(f,p)$ r-Fortsetzungsbereich von f bezüglich p. Eine weitere Frage ist, bei gegebener Funktion f ein möglichst optimales p zu finden in dem Sinn, daß die transformierte Reihe simultan für alle z eines bestimmten Bereiches einen möglichst kleinen Konvergenzfaktor besitzt. Dieses Problem läßt sich nicht allgemein, jedoch für einige praktisch wichtige Fälle lösen (vgl. [4]).

Ähnlich wie bei den Rekursionsformeln für $\mathfrak{P}$ erweisen sich Funktionen p, die nicht als Potenzreihe, sondern in der Form (13) gegeben sind, als sehr günstig für die Bestimmung der Fortsetzungsbereiche. Wir erhalten hier den Rand Γ von Δ als Bild der Peripherie des Einheitskreises unter der Abbildung $1/p(\Phi) = (1-s_1\Phi - \ldots - s_J\Phi^J)/s_0\Phi$. Zumindest für $J = 1$ und $J = 2$ übersieht man diese Abbildung vollständig.

Für $J = 1$ und $s_0 =: \alpha$ ergibt sich $p_\alpha(\Phi) = \alpha\Phi/(1-(1-\alpha)\Phi)$. Das von p_α erzeugte Verfahren ist die klassische Summierungsmethode von EULER-KNOPP. Δ ist dabei ein Kreis durch 1 mit Mittelpunkt $(1-1/\alpha)$ und Radius $1/|\alpha|$. r-Konvergenzbereiche sind die konzentrischen Kreise mit Radius $1/r|\alpha|$.

Für $J = 2$ ergeben sich als Konvergenzbereiche Ellipsen; r-Konvergenzbereiche sind konfokale Ellipsen. Man kann z. B. zeigen, daß ein von einem p der Form (13) für $J = 2$ erzeugtes Verfahren optimal für die folgende Aufgabe ist: Gegeben sei eine Funktion mit Singularitäten auf der negativ reellen Achse, z. B. $0 > \zeta_1 > \zeta_2 \ldots$. Gesucht ist die Fortsetzung von f in einem Intervall $[0, b]$ mit $b > |\zeta_1|$. So besitzt z. B. für $\zeta_1 = -1$ und $b = 4$ die transformierte Reihe für alle z aus dem Intervall $[0, 4]$ einen Konvergenzfaktor kleiner als 0.4, während die ursprüngliche Reihe nur im offenen Intervall $[0, 1)$ konvergiert.

Zusammenfassend läßt sich sagen: Die Anwendung allgemeiner Euler-Verfahren zur numerischen analytischen Fortsetzung führt zu einem einfachen Algorithmus; im Kern besteht dieser aus der Auswertung der Rekursionsformel (12) bzw. (14)

und des Hornerschemas. Falls ein p der Form (13) brauchbar ist, so ergeben sich in einfacher Weise die Fortsetzungsbereiche; zumindest für $J = 1$ und $J = 2$ lassen sich die notwendigen Voraussetzungen über p leicht nachprüfen. An Nachteilen, die jedoch auch bei den anderen Methoden mehr oder weniger auftreten, sind zu nennen: Es gibt keine echte Fehlerabschätzung. Müssen bei der Auswertung der transformierten Reihe viele Glieder berücksichtigt werden, d. h. Polynome hohen Grades ausgewertet werden, so können durch numerisches Auslöschen große Rundefehler auftreten; in jedem Fall empfiehlt sich die Anwendung höherer Genauigkeit.

6. SONNENSCHEIN-VERFAHREN

Eine erst in der letzten Zeit untersuchte Klasse von Summierungsmethoden sind sogenannte SONNENSCHEIN-Verfahren (vgl. ZELLER-BEEKMANN [7], S. 185). Es handelt sich um Matrix-Summierungsverfahren in "Folge-Folge-Form" mit Matrizen $\mathfrak{P}^T$, wobei $\mathfrak{P}$ wie in Abschnitt 2 durch eine Funktion p erzeugt wird. Die Koeffizienten der Potenzen von p treten also in den Zeilen auf. ZELMER [8], [9] zieht solche Verfahren zur analytischen Fortsetzung heran. Falls p ein Polynom vom Grad k ist, so ist zwar $\mathfrak{P}^T$ zeilenfinit, doch sind in der m-ten Zeile $k \cdot m$ Elemente von 0 verschieden. In der transformierten Folge treten sehr schnell Polynome hohen Grades auf. Schwieriger ist hier auch die Feststellung der Fortsetzungsbereiche.

In weiteren Untersuchungen sollen vor allem durch numerische Vergleiche am selben Beispiel Vor- und Nachteile der einzelnen Methoden gegeneinander abgewogen werden.

* * *

LITERATUR

1. Henrici, P.: An algorithm for analytic continuation. J. SIAM Numer. Anal. 3 (1966), 67-78.
2. Knopp, K.: Über Polynomentwicklungen im Mittag-Lefflerschen Stern durch Anwendung der Eulerschen Reihentransformation. Acta Math. 47 (1926), 313-335.
3. Kublanowskaya, V. N.: Application of analytic continuation in numerical analysis by means of change of variables. Trudy Mat. Inst. Steklov 53 (1959), 145-185.
4. Niethammer, W.: Ein numerisches Verfahren zur analytischen Fortsetzung. Num. Math. 21 (1973), 81-92.
5. Perron, O.: Über eine Verallgemeinerung der Eulerschen Reihentransformation. Math. Ztschr. 18 (1923), 157-172.
6. Perron, O.: Über elementare Methoden der analytischen Fortsetzung. Jahresber. d. Dt. Math.-Ver. 36 (1927), 121-126.
7. Zeller, K. und W. Beekmann: Theorie der Limitierungsverfahren. Berlin-Göttingen-Heidelberg: Springer 1970.
8. Zelmer, G.: Summation methods in the two-and threebody problems. Thesis. Univers. of British-Columbia, May 1967.
9. Zelmer, G.: (E,γ,α,β) Summability and Applications. Arch. Rat. Mech. Anal. 35 (1969), 211-219.

ISNM 19 Birkhäuser Verlag, Basel und Stuttgart, 1974

RANDINTERPOLATION HÖHERER ORDNUNG BEI ELLIPTISCHEN DIFFERENTIALOPERATOREN IN DIVERGENZFORM[1)]

von A. Sachs in München

Mit Hilfe der Theorie des topologischen Abbildungsgrades wird die Lösbarkeit nichtlinearer elliptischer Differenzengleichungen in Divergenzform bei interpolierten Dirichlet-Randbedingungen bewiesen, falls die Koeffizientenfunktionen gewisse Vorzeichenbedingungen zur Realisierung eines diskreten Maximumprinzips erfüllen.

Numerische Beispiele aus der magnetostatischen Feldtheorie, der Minimalflächentheorie sowie der laminaren Strömungstheorie zeigen die Effektivität linearer Randinterpolation im Vergleich zu konstanter Fortsetzung der Randwerte bei nicht polygonalem Grundgebiet.

[1)] Eine Darstellung für lineare Randinterpolation erschien in ZAMM 53, T207-T209 (1973). (GAMM-Tagungsbericht 1972).

ISNM 19 Birkhäuser Verlag, Basel und Stuttgart, 1974

EINE VARIANTE DES TÖPFER-VERFAHRENS

von W. Schwartz in Göttingen

1. EINLEITUNG UND ÜBERSICHT

Gegeben sei ein normierter Vektorraum (X,p) über $\mathbb{R}$, ein linearer Teilraum V von X mit der Dimension $n \in \mathbb{N}$ und ein Element $f \in X \setminus V$. Mit $AP(f,V,p)$ bezeichne ich das folgende

Approximationsproblem:

Gesucht ist ein Element $v_o \in V$, so daß

$$\underset{v \in V}{\forall} \; p(f-v_o) \leq p(f-v)$$

gilt.

Jedes derartige Element v_o heißt eine Lösung von $AP(f,V,p)$. Den Abstand von f von V bzgl. p bezeichne ich mit E.

Es ist bekannt, daß $AP(f,V,p)$ eine Lösung besitzt. Um Lösungen zu berechnen, ist es im allgemeinen erforderlich, iterative Methoden zu verwenden. In besonderen Fällen, zum Beispiel wenn X ein Prähilbertraum oder p diskret ist, kommt man ohne Iteration aus.

Für die Tschebyscheff-Approximation in $C([a,b])$ gab Remes 1934 das nach ihm benannte Verfahren an. Das Remes-Verfahren wurde 1967 von LAURENT [1] für normierte Räume verallgemeinert. Damit dieses Verfahren anwendbar ist, muß der approximierende Raum V die sogenannte Haar' sche Bedingung erfüllen. Wie einschneidend diese Voraussetzung ist, sagt folgender

SATZ: *Sei Q kompakt und $C(Q)$ der Vektorraum der stetigen Abbildungen von Q in $\mathbb{R}$. Wenn $C(Q)$ einen Tschebyscheff-Unterraum der Dimension $n \geq 2$ hat, ist Q*

homöomorph zu einer Teilmenge der Kreislinie $E = \{z \in \mathbb{C} \mid |z| = 1\}$.

1965 gelang es TÖPFER [5], das Remes-Verfahren zu verallgemeinern. Er betrachtet den Raum $X = C(B)$, wobei B kompakt ist, mit der Tschebyscheff-Norm. Die Haar'sche Bedingung braucht nicht erfüllt zu sein.

Da die Haar'sche Bedingung die eindeutige Lösbarkeit von $AP(f, V, p)$ zur Folge hat, kann man die Konvergenz des Remes-Verfahrens beweisen. Ein Konvergenzbeweis für das Töpfer-Verfahren fehlt bis heute. Andererseits kennt man noch keinen Fall, in dem es nicht konvergiert.

Ich werde in dieser Arbeit ein Approximationsverfahren beschreiben, das ebenfalls nicht die Haar'sche Bedingung voraussetzt. In gewisser Weise wird $AP(f, V, p)$ durch eine Folge $AP(f, V, p_k)$ ersetzt, wobei p_k diskrete Halbnormen auf X sind. Zu jedem k berechnet man nun eine Lösung v_k von $AP(f, V, p_k)$. Man kann zeigen, daß man entweder ein k_o erreicht, so daß v_{k_o} eine Lösung von $AP(f, V, p)$ ist oder daß die Folge $\{v_k \mid k \in \mathbb{N}\}$ einen Häufungspunkt bzgl. p hat, der eine Lösung von $AP(f, V, p)$ ist.

2. EINIGE BEZEICHNUNGEN

Im normierten Raum (X, p) ist

$$S_X := \{x \in X \mid p(x) \leq 1\}$$

die Einheitskugel.

Für jedes Element l des stetigen Dualraumes X' von X sei

$$p'(l) := \sup\{l(x) \mid x \in S_X\}.$$

p' ist eine Norm auf X', so daß (X', p') ein Banachraum ist.

Es sei

$$S_{X'} := \{l \in X' \mid p'(l) \leq 1\}.$$

Der Satz von Alaoglu-Bourbaki sagt aus, daß $S_{X'}$ $\sigma(X', X)$ - kompakt ist. Damit folgt, daß die Menge $\epsilon_{X'}$ der Extremalpunkte von $S_{X'}$ nicht leer ist.

Im folgenden benötige ich die verschärfte Form des Satzes von Hahn-Banach:

Ist (X,p) ein normierter Raum, so gibt es zu jedem $x \in X$ ein $l \in \epsilon_{X'}$, so dass $l(x) = p(x)$ ist.
Mit $\partial S_{X'}$ bezeichne ich die Menge der Funktionale aus X', für die $p'(l) = 1$ gilt.

3. DAS APPROXIMATIONSVERFAHREN

Gegeben sei eine Teilmenge F_1 von $S_{X'}$, die aus $(n+1)$ Elementen besteht.

Nach dem $(k-1)$-ten Iterationsschritt stehe eine Teilmenge F_k von $\partial S_{X'}$ zur Verfügung, die aus $(n+k)$ Elementen besteht. ($k=1$: Anfangssituation).

Im k-ten Iterationsschritt verfahre man folgendermaßen:

(A) Durch

$$p_k(x) := max \{ |l(x)| \, \big| \, l \in F_k \}$$

wird auf X eine Halbnorm p_k definiert. Man bestimme ein Element $v_k \in V$, welches $AP(f, V, p_k)$ löst. Es sei

$$E_k := p_k(f - v_k).$$

(B) Man bestimme ein Funktional $l_k \in \epsilon_{X'}$ mit

$$l_k(f - v_k) = p(f - v_k)$$

und setze

$$F_{k+1} := F_k \cup \{l_k\}.$$

Da V die Dimension n hat, kann man F_1 ohne Einschränkung so wählen, daß $p_1 | V$ eine Norm auf V ist.

Aus der Iterationsvorschrift folgt, daß für alle $k \in \mathbb{N}$ $F_k \subseteq F_{k+1}$ ist. Daher gilt, daß $p_k | V$ für alle k auf V eine Norm ist und für alle k $p_k \leq p_{k+1}$ ist. Man erhält für alle $k \in \mathbb{N}$ die Abschätzung

$$E_1 \leq E_k \leq E_{k+1} \leq E.$$

SATZ: *Gibt es natürliche Zahlen k, l mit $k \neq l$ und $v_k = v_l$, so ist v_k eine Lösung von $AP(f, V, p)$.*

Der Satz zeigt, daß man die Iteration entweder nach endlich vielen Schritten abbrechen kann, oder daß die Folge $\{v_k \mid k \in \mathbb{N}\}$ aus paarweise verschiedenen Elementen besteht.

4. HÄUFUNGSPUNKTE DER FOLGE $\{v_k \mid k \in \mathbb{N}\}$

Die Folge $\{v_k \mid k \in \mathbb{N}\}$ bestehe aus paarweise verschiedenen Elementen. Es sei

$$K := \{v \in V \mid p_1(v) \leq p(f) + E\}.$$

Da auf V alle Normen äquivalent sind, ist K in der p-Topologie kompakt.

SATZ: *Es gilt* $\{v_k \mid k \in \mathbb{N}\} \subseteq K$.

Also hat $\{v_k \mid k \in \mathbb{N}\}$ einen Häufungspunkt v_0 in K. Da die p-Topologie das erste Abzählbarkeitsaxiom erfüllt, gibt es eine Teilfolge $\{v_{k_i} \mid i \in \mathbb{N}\}$, die in der Norm p gegen v_0 konvergiert.

SATZ: *Es gilt* $\lim_{i \to \infty} p(f - v_{k_i}) = E$.

D. h., $\{v_{k_i} \mid i \in \mathbb{N}\}$ ist eine Minimalfolge für f. Also ist v_0 eine Lösung von $AP(f, V, p)$.

SATZ: *Die Folge* $\{E_k \mid k \in \mathbb{N}\}$ *konvergiert monoton wachsend gegen* E.

Ist $AP(f, V, p)$ eindeutig lösbar, so konvergiert die Folge $\{v_k \mid k \in \mathbb{N}\}$ in der Norm p gegen die Lösung von $AP(f, V, p)$.

5. ZUR KONSTRUKTION VON LÖSUNGEN DES DISKRETEN APPROXIMATIONSPROBLEMS

Ich gehe hier auf die Berechnung einer Lösung von $AP(f, V, p_k)$ aus Abschnitt 3 Schritt (A) ein. Dazu ist es nützlich, zunächst den Begriff der "Referenz" einzuführen.

DEFINITION: *Es sei* W *ein* k*-dimensionaler linearer Teilraum von* X $(k \in \mathbb{N} \cup \{o\})$. *Eine Teilmenge* $R(W) = \{l_1, \ldots, l_{m+1}\}$ *von* $\partial S_{X'}$ *heisst genau dann eine* R e f e -

r e n z d e r O r d n u n g m *(bzgl.* W*), wenn es* $m+1$ *reelle Zahlen* λ_i *gibt, so dass*

$$\sum_{i=1}^{m+1} \lambda_i l_i \in W^{\perp}$$

ist, die lineare Hülle von je m *Elementen aus* $R(W)$ *mit* $W^{\perp} \setminus \{o\}$ *einen leeren Durchschnitt hat und*

$$\sum_{i=1}^{m+1} |\lambda_i| = 1$$

ist. Die λ_i *heissen c h a r a k t e r i s t i s c h e Zahlen der Referenz. Schliesslich sei* $W_{k-m} := W \cap R(W)^{\perp}$.

Aus dieser Definition folgt sofort, daß $o \leq m \leq k$ ist und alle charakteristischen Zahlen von o verschieden sind.

Über die Existenz von Referenzen gibt der folgende Satz Auskunft.

SATZ: *Es seien* W *ein* k*-dimensionaler linearer Teilraum von* X $(k \in \mathbb{N} \cup \{o\})$ *und* F *eine nichtleere Teilmenge von* $\partial S_{X'}$. *Dann gilt:* F *enthält genau dann bzgl.* W *eine Referenz, wenn* $\{l|W \mid l \in F\}$ *linear abhängig ist.*

Bemerkung: Wenn F bzgl. W eine Referenz enthält, kann man eine solche in endlich vielen Schritten berechnen.

DEFINITION: *Es seien* W *ein* k*-dimensionaler linearer Teilraum von* X $(k \in \mathbb{N} \cup \{o\})$, $g \in X \setminus W$ *und* $R(W) = \{l_1, \ldots, l_{m+1}\}$ *eine Referenz mit charakteristischen Zahlen* λ_i.

(a) $v \in W$ *heisst genau dann ein R e f e r e n z p u n k t von* $(R(W), g)$*, wenn es ein* $z \in \{-1, 1\}$ *gibt, so dass für alle* $i \in \mathbb{N}_{m+1}$ $\operatorname{sign} o\, l_i(g-v) = z \cdot \operatorname{sign}(\lambda_i)$ *gilt.*

(b) $v \in W$ *heisst genau dann ein n i v e l l i e r t e r R e f e r e n z p u n k t von* $(R(W), g)$*, wenn es ein* $h \in \mathbb{R}$ *gibt, so dass für alle* $i \in \mathbb{N}_{m+1}$

$$l_i(g-v) = h \cdot \operatorname{sign}(\lambda_i)$$

gilt. h *heisst eine R e f e r e n z a b w e i c h u n g von* $(R(W), g)$.

SATZ: W *sei ein* k*-dimensionaler Teilraum von* X, $g \in X \setminus W$ *und* $R(W)$ *eine Referenz der Ordnung* m.

Es gibt einen nivellierten Referenzpunkt v_o *und eine Referenzabweichung* h *von* $(R(W),g)$. h *ist eindeutig bestimmt, und es gilt*

$$h = \sum_{l_i \in R(W)} \lambda_i \, l_i(g)$$

mit charakteristischen Zahlen λ_i *von* $R(W)$. $N(R(W)) := v_o + W_{k-m}$ *ist die Menge der nivellierten Referenzpunkte von* $(R(W),g)$.

Nun zu $AP(f, V, p_k)$: F_k enthält Referenzen, da F_k aus $n+k$ Elementen besteht und V die Dimension n hat. F_k enthält nur endlich viele Referenzen. Daher gibt es in F_k eine Referenz $R_k(V)$ mit betragsgrößter Referenzabweichung h_k. Es gilt der folgende

SATZ: *Ist* $w_k \in N(R_k(V))$ *und gilt*

$$\forall_{l \in F_k \setminus R_k(V)} \; |l(f-w_k)| \leq |h_k|$$

so ist w_k *eine Lösung von* $AP(f, V, p_k)$, *und es ist* $|h_k| = E_k$.
Jetzt ist klar, warum es sinnvoll ist, in F_k nach Referenzen zu suchen und nach welchen Referenzen man zu suchen hat, um $AP(f, V, p_k)$ zu lösen.

Die Beweise zu den nun folgenden Sätzen sind konstruktiv. Sie enthalten das Verfahren, mit dem man eine Lösung von $AP(f, V, p_k)$ berechnen kann.

AUSTAUSCHSATZ: *Es seien* W *ein* k*-dimensionaler linearer Teilraum von* X $(k \in \mathbb{N} \cup \{o\})$ *und* $g \in X \setminus W$. *Ferner seien* $R(W)$ *eine Referenz der Ordnung* m, h *die Referenzabweichung und* v *ein nivellierter Referenzpunkt von* $(R(W),g)$; $R'(W_{k-m})$ *eine Referenz der Ordnung* m', h' *die Referenzabweichung und* w *ein nivellierter Referenzpunkt von* $(R'(W_{k-m}), g-v)$. *Schliesslich gelte* $R(W) \cap R'(W_{k-m}) = \emptyset$. *Dann kann man in* $R(W) \cup R'(W_{k-m})$ *eine Referenz* $R''(W)$ *konstruieren, die* $R'(W_{k-m})$ *und höchstens* m *Elemente aus* $R(W)$ *enthält, so dass* $v+w$ *ein Referenzpunkt von* $(R''(W),g)$ *ist.*

SATZ: *Mit den obigen Bezeichnungen gilt: Ist* h'' *die Referenzabweichung von* $(R''(W),g)$ *und ist* $|h'| > |h|$, *so folgt* $|h''| > |h|$.

SATZ: *Es seien* W *ein* k*-dimensionaler linearer Teilraum von* X $(k \in \mathbb{N} \cup \{o\})$, $g \in X \setminus W$ *und* F *eine endliche, nichtleere Teilmenge von* $\partial S_{X'}$, *die bzgl.* W *eine Referenz enthält. Dann gibt es in* F *eine Referenz* $R(W)$ *und einen nivellierten Referenzpunkt* v *von* $(R(W),g)$, *so dass*

$$\forall_{l \in F \setminus R(W)} \; |l(g-v)| \leq |h|$$

gilt, wenn h die Referenzabweichung von (R(W), g) ist.

Der Beweis des letzten Satzes besteht in einer Doppelinduktion über $dim(W)$ und $card(F)$. Da er ein Verfahren darstellt, mit dem man aus einer Anfangsreferenz die gesuchte Referenz und eine Lösung von $AP(f, V, p_k)$ berechnen kann, veranschauliche ich ihn mit Hilfe eines Diagramms in Abb. 1.

Aus Abschnitt 3 geht hervor, daß man nach der k-ten diskreten Approximation die Einschließung

$$E_k \leq E \leq p(f-v_k)$$

zur Verfügung hat. Man wird daher ein $\epsilon \in \mathbb{R}^+$ vorgeben und nach der k-ten diskreten Approximation fragen, ob

$$p(f-v_k) - E_k \leq \epsilon$$

ist. Damit läßt sich das gesamte Approximationsverfahren, wie in Abb. 2 gezeigt, veranschaulichen.

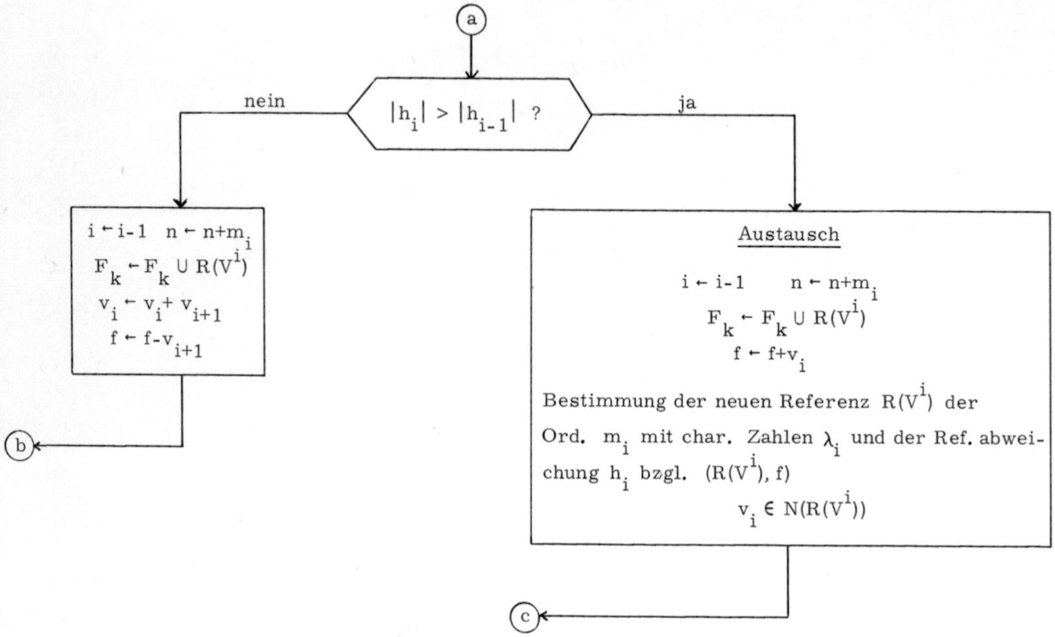
a
|h_i| > |h_{i-1}| ?
nein
ja
i ← i-1 n ← n+m_i
F_k ← F_k ∪ R(V^i)
v_i ← v_i + v_{i+1}
f ← f-v_{i+1}
b
Austausch
i ← i-1 n ← n+m_i
F_k ← F_k ∪ R(V^i)
f ← f+v_i
Bestimmung der neuen Referenz R(V^i) der Ord. m_i mit char. Zahlen λ_i und der Ref. abweichung h_i bzgl. (R(V^i), f)
v_i ∈ N(R(V^i))
c

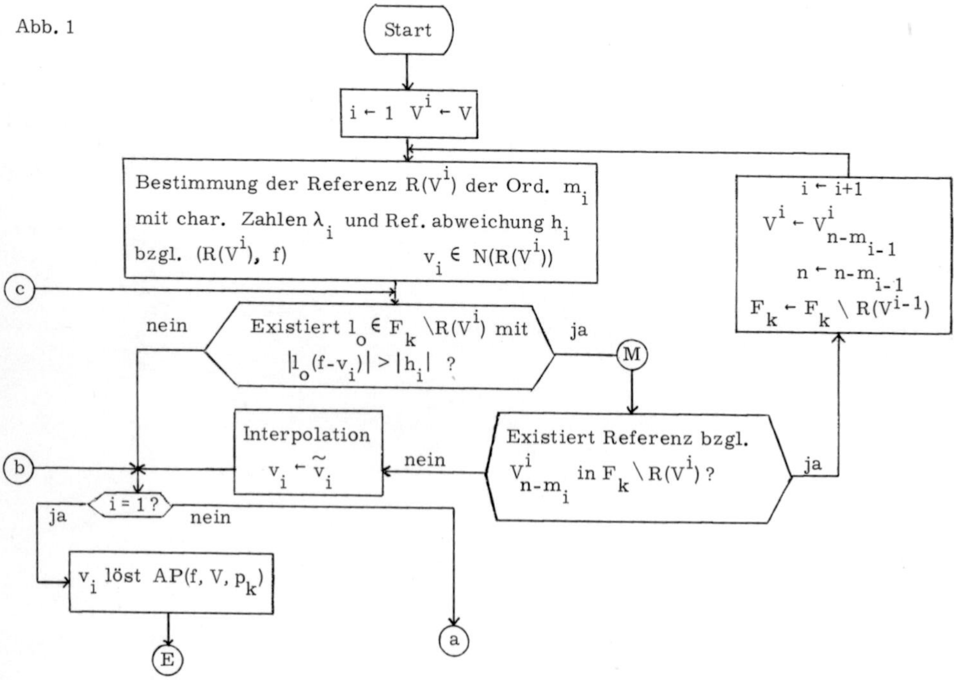
Start
i ← 1 V^i ← V
Bestimmung der Referenz R(V^i) der Ord. m_i mit char. Zahlen λ_i und Ref. abweichung h_i bzgl. (R(V^i), f) v_i ∈ N(R(V^i))
i ← i+1
V^i ← V^i_{n-m_{i-1}}
n ← n-m_{i-1}
F_k ← F_k \ R(V^{i-1})
c
Existiert l_o ∈ F_k \ R(V^i) mit |l_o(f-v_i)| > |h_i| ?
nein
ja
M
Existiert Referenz bzgl. V^i_{n-m_i} in F_k \ R(V^i) ?
nein
ja
Interpolation
v_i ← ṽ_i
b
i = 1 ?
ja
nein
v_i löst AP(f, V, p_k)
E
a

Abb. 1

Abb. 2

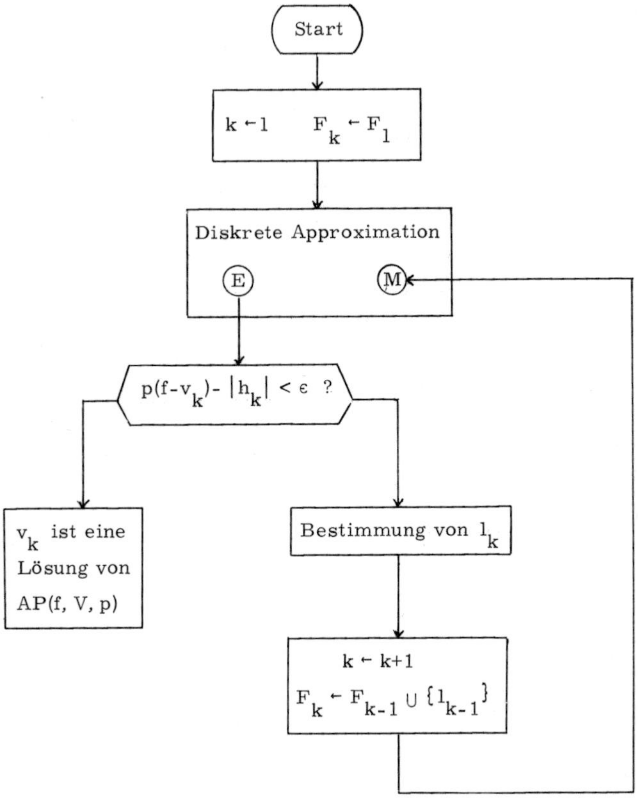

LITERATUR

1. Laurent, P. J.: Théorèmes de caractérisation d'une meilleure approximation dans un espace normé et généralisation de l'algorithme de Rémès. Num. Math. 10 (1967), 190-208.

2. Singer, I.: Best Approximation in Normed linear Spaces by Elements of Linear Subspaces. Springer-Verlag, Berlin-Heidelberg-New York (1970).

3. Stiefel, E.: Über diskrete und lineare Tschebyscheff-Approximationen. Num. Math. 1 (1959), 1-28.

4. Stiefel, E.: Note on Jordan elimination, linear programming, and Tschebyscheff approximation. Num. Math. 2 (1960), 1-17.

5. Töpfer, H.-J.: Über die Tschebyscheff'sche Approximationsaufgabe bei nicht erfüllter Haar'scher Bedingung. Hahn-Meitner-Institut für Kernforsch. Berlin, Sektor Math., HMI-B 40 (1965).

6. Töpfer, H.-J.: Tschebyscheff-Approximation und Austauschverfahren bei nicht erfüllter Haar'scher Bedingung. ISNM, 7 (1967), 71-89.

SUFFICIENT CONDITIONS OF UNIQUENESS FOR THE REGULAR SOLUTION OF A SPECIAL CLASS OF NONLINEAR BOUNDARY VALUE PROBLEMS

by I. Toma in Bukarest

Let $\Omega \subset R^m$ be a bounded, closed domain and let Γ be its boundary. For the simplicity let us consider that this boundary is a smooth, closed curve. Le A be an elliptic operator

$$(1) \qquad Au \equiv \sum_{i,j=1}^{m} H_{ij}(x) \frac{\partial^2 u}{\partial x_i \partial x_j} + \sum_{i=1}^{m} K_i(x) \frac{\partial u}{\partial x_i} + C(x)u$$

such that the problem

$$(2) \qquad \begin{aligned} &Au + \lambda u = 0 \\ &u|_{\Gamma} = o \end{aligned}$$

allows an infinite sequence of regular eigenfunctions $\{u_i\}_{i \in N}$ and eigenvalues $\{\lambda_i\}_{i \in N}$.

We shall consider in what follows the nonlinear nonstationnary boundary value problem

$$(3) \qquad \begin{aligned} &\frac{\partial u}{\partial t} + f(x, t, u, Au) = g(x, t) \\ &u|_{\Gamma} = 0, \quad u(0, x) = u_0(x) \end{aligned}$$

and we try to give sufficient conditions of uniqueness for the regular solution of this problem.

For the stationnary case, the following proposition is immediate:

PROPOSITIONS 1. Let $f(x,Y,Y):\Omega\times R\times R\longrightarrow R$ be continuous with respect to all its variables and let

$$\lim_{|X|\to\infty} |f(x,X,Y)| = +\infty \qquad \text{for } x\in\Omega \text{ and } Y \text{ arbitrary}$$

$$\lim_{|Y|\to\infty} |f(x,X,Y)| = +\infty \qquad \text{for } x\in\Omega \text{ and } X \text{ arbitrary}$$

Then if $g(x)$ is continuous on Ω, the set of $C^2(\Omega)$ -solutions of the problem

$$f(x,u,Au) = g(x)$$

is equally bounded. The same is true for the set

$$S_2 = \{Au(x) \mid u \text{ solution},\ x\in\Omega\}.$$

Let us denote by

$$S_1 = \{u(x) \mid u \text{ solution},\ x\in\Omega\}.$$

Suppose now that $f(x,u,Au)$ is of the form

$$\sum_{i,j=1}^{p} a_{ij}(x)\,u^i(Au)^j$$

Then the following result is true:

PROPOSITION 2. Let $a_{ij}(x)$ be continuous in Ω. Suppose that
a) the principal minors $\Delta_k^{(n)}$ of every D_{s_n} where

$$D_{s_n} = \det\left(A^{i\ \ j\ \ r\ \ s}_{k_1\ldots k_i\,l_1\ldots l_j\ t_1\ldots t_r\ m_1\ldots m_s}\right),\quad s_n = C^p_{n+p}-1$$

are different from 0. Here,

$$(4)\qquad A^{ijrs}_{k_1\ldots k_i l_1\ldots l_j t_1\ldots t_r m_1\ldots m_s} =$$

$$\lambda_{l_1}\ldots\lambda_{l_j}\lambda_{m_1}\ldots\lambda_{m_s}\int_\Omega a_{ij}a_{rs}u_{k_1}\ldots u_{k_i}u_{l_1}\ldots u_{l_j}u_{t_1}\ldots u_{t_r}u_{m_1}\ldots u_{m_s}\,d\Omega.$$

Suppose that

$$(4') \qquad \sum_{j=k}^{s_n} \frac{|\Delta_{j,k}^{(n)}|}{\sqrt{\Delta_j^{(n)}\Delta_{j-1}^{(n)}}} < M$$

for every n and k ; $\Delta_{j,k}^{(n)}$ is obtained from $\Delta_j^{(n)}$ by replacing the column k by $\begin{pmatrix} 0 \\ 0 \\ \vdots \\ 1 \\ 0 \end{pmatrix}$

b) the form:

$$(5) \qquad B(d;d) = \sum A^{i\ j\ r\ s}_{k_1\dots l_j\, t_1\dots m_s}\, d_{k_1\dots l_j}\, d_{t_1\dots m_s}$$

contains for every k either d_k , or both $d_{k_1\dots k_i\, l_1\dots l_j}$, $d_{k_1\dots k_i k\, l_1\dots l_j}$.

Under these conditions the regular solution of the particular stationary problem

$$(6) \qquad \sum_{i,j=1}^{p} a_{ij}(x)\, u^i (Au)^j = g(x)$$

$$u|_\Gamma = 0$$

is unique, if it exists.

The proof of this proposition gives merely the distance between two approximating solutions, which can be made as small as possible if the imposed conditions are satisfied. These conditions seem a little complicate, but if we consider particular cases, especially ordinary differential equations, we shall see that only the notations are complicated. It is also easily seen that for certain linear problems the up-mentioned determinants are diagonal. For instants, for the problem

$$(7) \qquad \begin{aligned} & y'' + \alpha y = f(x) \\ & y(0) = y(1) = o \end{aligned}$$

it is seen that $D_{s_n} = (\pi^2+\alpha)^2(2^2\pi^2+\alpha)^2\dots(s_n^2\pi^2+\alpha)^2$,

and if α is not eigenvalue, the problem (7) allows unique solution, as a) and b) are evidently satisfied. The same is true for the problem $\Delta u + \lambda u = g(x)$, $u|_\Gamma = 0$.

Let us consider now the problem:

$$(8)\quad \begin{aligned} &\frac{\partial u}{\partial t} + \sum_{i,j=1}^{p} a_{ij}(x,t)\, u^i (Au)^j = g(x,t) \\ &u|_\Gamma = 0, \quad u(0,x) = u_0(x) \end{aligned}$$

Then we can prove the following proposition:

PROPOSITION 3: Let $a_{ij}(x,t) \in C^1(\Omega) \times C^1([o,T])$ and let $g(x,t)$ be at least continuous on Ω and of class $C^1([o,T])$. Suppose that for every n and $t \in [o,T]$ the principal minors $\Delta_k^{(n)}(t)$ of

$$D_{s_n} = det\left(A_{k_1\ldots k_i\, l_1\ldots l_j\, t_1\ldots t_r\, m_1\ldots m_s}^{i\ j\ r\ s}(t) - \sum_{\alpha=1}^{n} B_{k_1\ldots k_i\, l_1\ldots l_j}^{i\ j\ \alpha}(t)\, B_{t_1\ldots t_r\, m_1\ldots m_s}^{r\ s\ \alpha}(t)\right)$$

where

$$A_{k_1\ldots l_j t_1\ldots m_s}^{i\ j\ r\ s}(t) = \lambda_{l_1}\ldots\lambda_{l_j}\lambda_{m_1}\ldots\lambda_{m_s}\int_\Omega a_{ij}(x,t)a_{rs}(x,t)u_{k_1}\ldots u_{l_j}u_{t_1}\ldots u_{m_s}\, d\Omega$$

$$B_{k_1\ldots l_j}^{i\ j\ \alpha}(t) = \lambda_{l_1}\ldots\lambda_{l_j}\int_\Omega a_{ij}(x,t)u_{k_1}\ldots u_{k_i}u_{l_1}\ldots u_{l_j}u_\alpha\, d\Omega$$

are not 0 and

$$\sum_{\substack{\alpha=(k_1\ldots k_i l_1\ldots l_j) \\ i,j\le p}}^{s_n} \frac{|\Delta_\alpha^{(n)}(k_1\ldots k_i l_1\ldots l_j)(t)|}{\sqrt{\Delta_\alpha^{(n)}(t)\,\Delta_{\alpha-1}^{(n)}(t)}}\, |B_{k_1\ldots k_i\, l_1\ldots l_j}^{i\ j\ \alpha}(t)| < M$$

where M is independent of n, k and t. Then the solution of (8) is unique.

Now let us try to find sufficient conditions for the regular solution of the stationnary problem:

$$(9)\quad \begin{aligned} &f(x,u,Au) = g(x) \\ &u|_\Gamma = o \end{aligned}$$

under the hypothesis that f is continuous with respect to all its variables. As we search a solution of class $C^2(\Omega)$ in order to make a sense to A, f can be considered for the above problem to be defined from $\Omega \times C^2(\Omega) \times C^0(\Omega) \to C^0(\Omega)$. The difficulties of passing from the spaces $C^m(\Omega)$ to the spaces of Sobolew $W_{2p}^{(m)}(\Omega)$

are overcome by the fact that Ω is bounded and by the imbedding Sobolew's theorems. Our aim is to approximate in a way f by Bernstein's polynomials. In order to do that, the following lemma is necessary:

LEMMA 1: *Let $f(x,X,Y)$ be continuous with respect to all its variables. Suppose f satisfying the conditions of proposition 1. Then, for every $\epsilon > o$ it exists a p such that*

$$(10)\ \Big| f(x,u,Au) - \sum_{\substack{\alpha_0+\alpha_1+\alpha_2=p \\ \alpha_i\in N,\ \alpha_i\geq o}} f\Big(x,\frac{\alpha_1}{p},\frac{\alpha_2}{p}\Big)\frac{p!}{\alpha_0!\alpha_1!\alpha_2!}\, u(x)^{\alpha_1}(Au(x))^{\alpha_2}(1-u(x)-AU(x))^{\alpha_0}\Big| < \epsilon$$

for every $x \in \Omega$ and under the hypothesis that the sets S_1 and S_2 which appear in proposition 1 are included in the interval $[o, \frac{1}{m}]$.

The proof of this lemma is based on the Bernstein's approximating theorem for functions of several real variables.

With the aid of this lemma, we can made an approach between the solutions of the problem (9) and those of the problem

$$(11)\qquad \sum_{i,j=1}^{p} a_{ij}(x)\, u^i (Au)^j = g(x)$$

$$u\big|_\Gamma = o$$

This approach is made by

PROPOSITION 4. Let $f(x,X,Y)$ satisfying the conditions of proposition 1. Then for every $\epsilon > o$ it exists a $p \in N$ such as every solution of problem (9) is a solution of problem (11), with a_{ij} determined with the aid of f, and with $g = g_\epsilon(x)$, such as $|g(x) - g_\epsilon(x)| < \epsilon$ for every $x \in \Omega$.

With all these preliminaries we shall give a sufficient condition of uniqueness for the solution of the stationnary problem (9).

PROPOSITION 5. Let $f(x,X,Y)$ be a continuous function with respect to all its variables, and satisfying the conditions required in proposition 1. For the sake of simplicity, let us suppose that S_1 and S_2 are included in $[o, \frac{1}{m}]$.(If this is not true, then by a simple linear transformation, we reduce the general case to this particular one). Let us suppose that

i) the principal minors $\Delta_k^{(n,p)}$ of the determinant given in proposition 2 where

(12) $$a_{ij}^{(p)}(x) = \sum_{q=0}^{i+j} \Big[\sum_{s+t=q} f\big(x, \frac{i-s}{p}, \frac{j-t}{p}\big) \, C_{s+t}^{s} (-1)^q \, C_{p-i-j}^{q} \Big]$$

are not zero and satisfy the condition

$$\sum_{j=k}^{s_n} \frac{|\Delta_{j,k}^{(n,p)}|}{\sqrt{\Delta_j^{(n,p)} \Delta_{j-1}^{(n,p)}}} < M$$

where $\Delta_{j,k}^{(n,p)}$ has the same signification as in proposition 2.

ii) The form

$$Q^{(p)}(d;d) = \sum A_{k_1 \ldots l_j t_1 \ldots m_s}^{i \quad j \quad r \quad s} d_{k_1 \ldots l_j} d_{t_1 \ldots m_s}$$

contains for every k either d_k or both $d_{k_1 \ldots k_i k \, l_1 \ldots l_j}$, $d_{k_1 \ldots k_i \, l_1 \ldots l_j}$. Then the solution of (9) is unique, if it exists. The proof of this proposition is based on lemma 1 and proposition 2.

Remarks. In both the ennounce of proposition 4 and lemma 1, we considered the values of u and Au contained in the compact $[o, \frac{1}{m}]$. This does not modify the generality of the proposition, because we can effectuate the following change of variables in $f(x, X, Y)$:

$$X = (M_1 - m_1)X' + m_1 ; \quad Y = (M_2 - m_2)Y' + m_2$$

if $S_1 \subset [m_1, M_1]$, $S_2 \subset [m_2, M_2]$.

Proposition 1 ensures only the existence of some intervals on which the approximation of f by polynomials must be true. Practically, it is necessary to know effectively the bounds of S_1 and S_2.

If f depends also on the derivatives of u of the first order, this does not modify the above results.

In conclusion, we shall give a sufficient condition of uniqueness for the $C^2(\Omega)$-class solution of the problem (3).

PROPOSITION 6. Let $f(x,X,Y) : \Omega \times R \times R \to R$ continuous with respect to all its variables and satisfying the conditions:

a) $\lim_{|X|\to\infty} |f(x,X,Y)| = +\infty$ for Y arbitrary, $\lim_{|Y|\to\infty} |f(x,X,Y)| = +\infty$ for X arbitrary, everywhere in Ω.

b) The principal minors of the determinant

$$D_{s_n} = det\left(A^{i\ j\ r\ s}_{k_1\dots l_j t_1\dots m_s}(t) - \sum_{\alpha=1}^{n} B^{i\ j\ \alpha}_{k_1\dots l_j}(t)\, B^{r\ s\ \alpha\ (p)}_{t_1\dots m_s}(t) \right)$$

where

$$A^{i\ j\ r\ s\ (p)}_{k_1\dots l_j t_1\dots m_s}(t) = \lambda_{k_1}\dots\lambda_{l_j}\lambda_{m_1}\dots\lambda_{m_s}\int_\Omega a^{(p)}_{ij}(x,t)a^{(p)}_{rs}(t)u_{k_1}\dots u_{l_j}u_{t_1}\dots u_{m_s}\,d\Omega$$

$$B^{i\ j\ \alpha\ (p)}_{k_1\dots l_j}(t) = \lambda_{l_1}\dots\lambda_{l_j}\int_\Omega a^{(p)}_{ij}(x,t)u_{k_1}\dots u_{l_j}u_\alpha\,d\Omega$$

and $a^{(p)}_{ij}(x,t)$ given by (12), are not zero and satisfy

$$\sum_{s=(k_1,\dots l_j)}^{s_n} \frac{|\Delta^{(n,p)}_{s,k}(t)|}{\sqrt{\Delta^{(n,p)}_{s}(t)\,\Delta^{(n,p)}_{s-1}(t)}}\,|B^{i\ j\ s\ (p)}_{k_1\dots l_j}(t)| < M$$

for every $n, p, k \in N$, and almost every $t \in [0, T]$. Then the solution of problem (3) is unique, if it exists.

The proof is a consequence of propositions 5 and 3.

Remark. Let us consider in the problem (3) $u_0(x) \equiv 0$.

Let $\epsilon > 0$, $\epsilon < \frac{\delta}{MT}$, and p choosen such as

$$|f(x,t,u,Au) - P_p(x,t,u,Au)| < \epsilon$$

where

$$P_p(x,t,u,Au) = \sum_{\alpha_0+\alpha_1+\alpha_2=p} f(x,t,\frac{\alpha_1}{p},\frac{\alpha_2}{p})\,\frac{p!}{\alpha_0!\alpha_1!\alpha_2!}\,u^{\alpha_1}(Au)^{\alpha_2}(1-u-Au)^{\alpha_0}$$

if $S_1, S_2 \subset [0, \frac{1}{m}]$ and slightly transformed if $S_1 \subset [m_1, M_1]$, $S_2 \subset [m_2, M_2]$, as it was noticed above.

If for this p condition b) of the proposition 6 is fullfilled, from the proof it follows

$$|a_k(t)-b_k(t)| < \delta + L_k \tag{12'}$$

where L_k does not depend on t; we have taken in consideration the concomitent existence of two solutions: $u_1 = \Sigma\, a_i(t)\, u_i(x)$, $u_2 = \Sigma\, b_i(t)\, u_i(x)$.
Inequality (12') can be written:

$$a_k(t) - b_k(t) = \delta(t) + L_k \tag{13}$$

where $|\delta(t)| < \delta$. Writing that u_1 veryfies the equation

$$\frac{\partial u}{\partial t} + P_p(x,t,u,Au) = g(x,t) + \lambda_\epsilon(x,t)$$

with $|\lambda_\epsilon(x,t)| < \epsilon$ for every $x \in \Omega$, $t \in [o,T]$, substituting a_k from (13) and letting $t \to o$ in the obtained expression, as $u_o = o$, it follows that $v(x) = \Sigma\, L_k u_k(x)$ must satisfy:

$$\sum_{i,j=1}^{p} a_{ij}^{(p)}(x,o)\, v^i (Av)^j = \lambda_\epsilon(x,o). \tag{14}$$

As $a_{ij}^{(p)}$ veryfies condition b) for every n, it then follows that (14) and the boundary condition $u|_\Gamma = o$ allows unique solution, conformely to proposition 2. As the solution of (14) is small for $x \in \Omega$, it follows from (12') that the difference between $a_k(t)$ and $b_k(t)$ can be made small, according to the choosen ϵ.

Example: Let us consider the following two-point problem:

$$\begin{aligned} &y'' = y'^2 + g(x) \\ &y(o) = y(1) = o \end{aligned} \qquad g \in C^1([o,1]) \tag{15}$$

According to the proposition 2, we shall consider the eigenfunctions $y_k = \sqrt{2}\, sin\, k\,\pi x$ and the eigenvalues $\lambda_k = -k^2\pi^2$ of the problem.
We must calculate the sums which appear in (4'). We can build the following schemes, according to the order n of approximation:

k	$n=2$ $(s_n = 5)$	$(s_n = 9)$	$n = 4$ $(s_n = 14)$
1	6,98	5,86	1,309
2	0,07	0,035	2,41
3	4,07	0,19	0,192
4	0,16	0,027	0,35
5	0,012	0,0072	2,15
6		0,035	0,564
7		0,241	1,529
8		0,076	0,573
9		0,05	0,219
10			0,517
11			0,158
12			0,057
13			0,028
14			0,025

It is easily seen that the above sums decrease with n. For instants,

$$\sum_{j=k}^{5} \frac{|\Delta_{j,k}^{(2)}|}{\sqrt{\Delta_j^{(2)}\Delta_{j-1}^{(2)}}} \leq 6,98 \text{ for } k \leq 5 \text{ if } n = 2; \sum_{j=k}^{9} \frac{|\Delta_{j,k}^{(3)}|}{\sqrt{\Delta_j^{(3)}\Delta_{j-1}^{(3)}}} \leq 5,36 \text{ for } k \leq 9$$

and $n = 3$;

$$\sum_{j=k}^{14} \frac{|\Delta_{j,k}^{(4)}|}{\sqrt{\Delta_j^{(4)}\Delta_{j-1}^{(4)}}} \leq 2,41 \text{ for } k \leq 14, \; n = 4.$$

Here s_n has not the same values as in proposition 2; because of the symmetry, we could rearrange the terms such as to decrease the order of the considered determinants.

PERIODISCHE LÖSUNGEN BEI SYSTEMEN VON DIFFERENTIALGLEICHUNGEN ZWEITER ORDNUNG

von Jochen Werner in Göttingen

Wir betrachten periodische Randwertaufgaben für Systeme von Differentialgleichungen zweiter Ordnung

(1) $$-\ddot{x} = g(x,t), \quad x(o) = x(T), \quad \dot{x}(o) = \dot{x}(T)$$

und wollen hinreichende Bedingungen für die Existenz von Lösungen angeben. Das gleiche Problem ist kürzlich von SCHMITT [4] behandelt worden. Dieser setzt g als quasimonoton voraus auf einem Bereich, der durch eine Unterlösung α und eine Oberlösung β bestimmt ist und weist dann, unter einer gewissen Zusatzannahme (eindeutige Lösbarkeit einer 1. RWA), auf die wir verzichten werden, die Existenz einer Lösung von (1) zwischen Unter- und Oberlösung nach. Wir wollen die von Schmitt erhaltenen Sätze einfacher beweisen und auf etwas allgemeinere Aufgabenklassen erweitern.

Wir benötigen zunächst einen einfachen Hilfssatz, der eine hinreichende Bedingung für die monotone Art eines Differentialoperators mit periodischen Randbedingungen gibt.

SATZ 1: *$A(t)$, $B(t)$ seien $n \times n$-Matrizenfunktionen auf $[o,T]$, $A(t) = diag\{a_i(t)\}$ sei eine Diagonalmatrix, $B(t) = (b_{ij}(t))$ genüge den folgenden Bedingungen:*

(2) $$b_{ij}(t) \leq o \text{ für } i \neq j, \quad \sum_{j=1}^{n} b_{ij}(t) > o \text{ für } i = 1,\ldots,n, \; t \in [o,T].$$

Ist dann $x \in C_n^2[o,T]$ und

(3) $$-\ddot{x}(t) + A(t)\dot{x}(t) + B(t)x(t) \geq \theta \qquad \textit{für } t \in [0, T]$$

(4) $$x(0) = x(T), \quad \dot{x}(0) \leq \dot{x}(T),$$

so ist $x(t) \geq \theta$ *für* $t \in [0, T]$ *(* $\leq$ *bedeutet hierbei jeweils die komponentenweise Halbordnung im* R^n*).*

Beweis: Angenommen $x_i(t_0) = \min_{j=1,\ldots,n} \min_{t\in[0,T]} x_j(t) < 0.$

1) $t_0 \in (0, T)$. Dann ist $x_i(t_0) < 0$, $\dot{x}_i(t_0) = 0$, $\ddot{x}_i(t_0) \geq 0$.
Wegen $-b_{ij}(t_0) \geq 0$ für $i \neq j$ und $x_i(t_0) \leq x_i(t_0)$ ist

$$\sum_{\substack{j=1\\ j\neq i}}^{n} b_{ij}(t_0)x_j(t_0) \leq x_i(t_0) \sum_{\substack{j=1\\ j\neq i}}^{n} b_{ij}(t_0) .$$

Daher ist

$$-\ddot{x}_i(t_0)+a_i(t_0)\dot{x}_i(t_0)+b_{ii}(t_0)x_i(t_0)+\sum_{\substack{j=1\\ j\neq i}}^{n} b_{ij}(t_0)x_j(t_0)$$

$$\leq -\ddot{x}_i(t_0)+x_i(t_0)\sum_{j=1}^{n} b_{ij}(t_0) < 0,$$

ein Widerspruch zu (3).

2) $t_0 = 0$. Wegen $x_i(0) = x_i(T)$ ist dann $\dot{x}_i(0) \geq 0 \geq \dot{x}_i(T)$, wegen (4) folgt $\dot{x}_i(0) = 0$. Dann ist aber $\ddot{x}_i(0) \geq 0$, genau wie im ersten Fall ergibt sich ein Widerspruch.

Bei HEIMES [2] findet man ein entsprechendes Ergebnis für die 1. RWA.

Statt (1) sei nun die nichtlineare periodische RWA

(5) $$-\ddot{x} + A(t)\dot{x} = g(x, t), \quad x(0) = x(T), \quad \dot{x}(0) = \dot{x}(T)$$

gegeben, bei der $A(t)$ eine Diagonalmatrix ist.

DEFINITION: $\alpha, \beta \in C_n^2[0, T]$ *heissen Unter- bzw. Oberlösung zu* (5) *, falls*

(6) $$-\ddot{\alpha}(t)+A(t)\dot{\alpha}(t)-g(\alpha(t), t) \leq \theta \leq -\ddot{\beta}(t)+A(t)\dot{\beta}(t)-g(\beta(t), t) \quad \textit{für } t \in [0, T]$$

$$(7)\qquad \begin{array}{ll} \alpha(o) = \alpha(T) & \beta(o) = \beta(T) \\ \dot{\alpha}(o) \geq \dot{\alpha}(T) & \dot{\beta}(o) \leq \dot{\beta}(T) \end{array}$$

Sind α, β Unter- bzw. Oberlösungen mit

$$(8)\qquad \alpha(t) \leq \beta(t) \qquad t \in [o, T],$$

so definiere man die Menge

$$(9)\qquad M := \{(x, t) : \alpha(t) \leq x \leq \beta(t), \quad t \in [o, T]\}.$$

Mit Hilfe von Satz 1 und des Schauder' schen Fixpunktsatzes erhält man dann:

SATZ 2: *Zu* (5) *mögen Unter- und Oberlösungen* α, β *mit* (8) *existieren.* $A(t)$ *sei stetig auf* $[o, T]$. *Zu* g *existiere eine stetige Matrix* $B(t)$, *welche* (2) *genügt, mit*

$$(10)\qquad g(x, t) + B(t)x \leq g(y, t) + B(t)y \quad \textit{für } (x, t), (y, t) \in M \textit{ mit } x \leq y,$$

ferner sei g *stetig auf* M. *Dann besitzt* (5) *mindestens eine Lösung mit*

$$(11)\qquad \alpha(t) \leq x(t) \leq \beta(t) \quad \textit{für } t \in [o, T].$$

Ist (10) mit einer (2) genügenden Matrix $B(t)$ erfüllt, so heiße g quasimonoton auf M. Hieraus folgt, daß

$$(12)\qquad g_i(x_1, \ldots, x_{i-1}, x_i, x_{i+1}, \ldots, x_n, t) \leq g_i(y_1, \ldots, y_{i-1}, x_i, y_{i+1}, \ldots, y_n, t)$$

$$\text{für } (x, t), (y, t) \in M \qquad \text{mit } x \leq y.$$

SCHMITT [4] betrachtet den Fall $A(t) = o$ und setzt, um die Aussage von Satz 2 machen zu können, voraus, daß g auf M stetig ist und (12) genügt, und daß es ferner zu jedem $y \in [\alpha(o), \beta(o)]$ höchstens eine Lösung x von

$$(13)\qquad -\ddot{x} = g(x, t), \quad x(o) = x(T) = y$$

mit $(x(t), t) \in M$ gibt.

Sind die Voraussetzungen von Satz 2 erfüllt, so kann man die Einschließung (11) iterativ verbessern, wobei es am günstigsten ist, eine möglichst kleine Matrix $B(t)$ zu wählen, wie der nächste Satz aussagt:

SATZ 3: *Die Voraussetzungen von Satz 2 seien erfüllt.* g *sei quasimonoton auf* M *mit Matrizen* $B_1(t)$, $B_2(t)$, *für die* $B_2(t) \leq B_1(t)$ *für* $t \in [o, T]$.

Definiert man dann $\alpha_i(t)$ *als Lösung von*

$$-\ddot{\alpha}_i + A(t)\dot{\alpha}_i + B_i(t)\alpha_i = g(\alpha(t),t) + B_i(t)\alpha(t)$$

$$\alpha_i(o) = \alpha_i(T), \quad \dot{\alpha}_i(o) = \dot{\alpha}_i(T)$$

und entsprechend $\beta_i(t)$ $(i = 1,2)$, *so ist*

(14) $$\alpha(t) \le \alpha_1(t) \le \alpha_2(t) \le \beta_2(t) \le \beta_1(t) \le \beta(t) \quad \text{für } t \in [o,T].$$

Beweis: Wir beschränken uns auf den Beweis der Ungleichung $\alpha_1(t) \le \alpha_2(t)$, die anderen folgen entsprechend. Man setze $w(t) := \alpha_2(t) - \alpha_1(t)$. Dann ist

$$-\ddot{w}(t) + A(t)\dot{w}(t) + B_2(t)w(t) = (B_1(t)-B_2(t))(\alpha_1(t)-\alpha(t)) \ge \theta,$$

außerdem $w(o) = w(T)$, $\dot{w}(o) = \dot{w}(T)$, so daß $w(t) \ge \theta$ für $t \in [o,T]$ nach Satz 1.

Der nächste Satz, der ebenfalls leicht mit Hilfe von Satz 1 bewiesen werden kann, zeigt, daß man die Voraussetzung der Quasimonotonie von g abschwächen kann, wenn man den Begriff der Unter- bzw. Oberlösung stärker faßt.

SATZ 4: *Gegeben sei die periodische* RWA (5). *Es mögen* $\alpha,\beta \in C_n^2[o,T]$ *mit* (7), (8) *existieren.* g *sei stetig auf* M, *ferner existiere eine stetige Matrix* $B(t)$, *welche* (2) *genügt, mit*

(15) $$-\ddot{\alpha}(t) + A(t)\dot{\alpha}(t) + B(t)\alpha(t) \le g(x,t) + B(t)x \le -\ddot{\beta}(t) + A(t)\dot{\beta}(t) + B(t)\beta(t)$$

$$\text{für alle } (x,t) \in M.$$

Dann besitzt (5) *eine Lösung* x *mit* (11).

Als Anwendung soll ein Satz von Schmitt gebracht werden, den dieser mit Hilfe der ersten Fassung des Schauder'schen Fixpunktsatzes bewiesen hat.

SATZ 5: *Für* $i = 1,\dots,n$ *seien* $f_i(x,t)$, $h_i(x,t)$ *stetig auf* $R^n \times [o,T]$. *Es mögen Konstanten* $\delta_i > o$, $\Delta_i > o$ *existieren mit*

(16) $$f_i(x,t) \le -\delta_i, \quad |h_i(x,t)| \le \Delta_i \quad \text{für } (x,t) \in N := \{|x_j| \le \frac{\Delta_j}{\delta_j},\ t \in [o,T]\}$$

Dann besitzt

(17) $$-\ddot{x}_i + a_i(t)\dot{x}_i = x_i f_i(x,t) + h_i(x,t)$$

mindestens eine Lösung, welche den periodischen Randbedingungen $x_i(o) = x_i(T)$, $\dot{x}_i(o) = \dot{x}_i(T)$ *genügt.*

Beweis: Man setze

$$\beta := \left(\frac{\Delta_1}{\delta_1}, \ldots, \frac{\Delta_n}{\delta_n}\right), \quad \alpha := -\beta, \quad b_i := -\min_{(x,t)\in N} f_i(x,t),$$

$B(t) := diag\{b_1, \ldots, b_n\}$ und wende Satz 4 an.

Satz 5 ist eine Verallgemeinerung eines Satzes von CORDUNEANU [1]. Dieser sagt aus: Ist das System (1) gegeben, existiert $\frac{\partial g_i}{\partial x_i}(x,t)$ auf $R^n \times [o, T]$ und ist dort stetig, ist ferner

$$\frac{\partial g_i}{\partial x_i}(x,t) \le -m < o \text{ und } |g_i(x_1, \ldots, x_{i-1}, o, x_{i+1}, \ldots, x_n, t)| \le M,$$

so besitzt (1) eine Lösung. Dies ergibt sich aus Satz 5, wenn man
$h_i(x,t) := g_i(x_1, \ldots, x_{i-1}, o, x_{i+1}, \ldots, x_n, t)$ und

$$f_i(x,t) := \int_o^T \frac{\partial g_i}{\partial x_i}(x_1, \ldots, x_{i-1}, sx_i, x_{i+1}, \ldots, x_n, t)ds$$

setzt. MAWHIN [3] bezieht sich auf die Arbeit von Corduneanu und beweist mit Hilfe des Brouwer' schen Abbildungsgrades den folgenden Satz, der ebenfalls leicht mit Hilfe von Satz 4 bewiesen werden kann.

SATZ 6: *Sei die periodische* RWA

$$\ddot{x} = f(x,t), \quad x(o) = x(T), \quad \dot{x}(o) = \dot{x}(T) \tag{18}$$

gegeben, wobei $x = (x_1, \ldots, x_n)$, $f = (f_1, \ldots, f_n)$. f_i *seien stetig und nach* x_i *stetig partiell differenzierbar auf* $R^n \times [o, T]$. *Es sei*

$$\frac{\partial f_i}{\partial x_i}(x,t) > o \text{ und } |f_i(x_1, \ldots, x_{i-1}, o, x_{i+1}, \ldots, x_n, t)| \le M \frac{\partial f_i}{\partial x_i}(x,t) \tag{19}$$

für alle $(x,t) \in \mathbb{R}^n \times [o, T]$. *Dann besitzt* (18) *mindestens eine Lösung.*

LITERATUR

1. Corduneanu, C.: Systemes différentiels admettant des solutions bornées. C. R. Acad. Sci. Paris 245 (1957), 21-24.

2. Heimes, K. A.: Boundary Value Problems for Ordinary Nonlinear Second Order Systems. J. Differential Equations 2 (1966), 449-463.

3. Mawhin, J.: Existence of Periodic Solutions for Higher-Order Differential Systems that are not of Class ***D***. J. Differential Equations 8 (1970), 523-530.

4. Schmitt, K.: Periodic Solutions of Systems of Second Order Equations. J. Differential Equations 11 (1972), 180-192.

ISNM 19 Birkhäuser Verlag, Basel und Stuttgart, 1974

EIGENWERTEINSCHLIESSUNG BEI FASTDREIECKSMATRIZEN

von W. Wetterling und A. C. B. den Ouden in Enschede

1. EINLEITUNG

Unter einer Fastdreiecksmatrix verstehen wir hier eine n-reihige quadratische Matrix $A = D - R - E$ von komplexen Zahlen, die zusammengesetzt ist aus einer Dreiecksmatrix $D - R$:

$$D = diag(d_1, \dots, d_n), \; R = (r_{ik}) \qquad \text{mit } r_{ik} = 0 \quad \text{für } \; k \leq i,$$

und einer Störmatrix E mit kleiner Norm $\epsilon = \|E\|$. Welche Matrixnorm verwendet wird und in welchem Sinn ϵ klein sein soll, wird jeweils angegeben.

Derartige Fastdreiecksmatrizen erhält man nach endlich vielen Schritten des LR- oder QR-Algorithmus, wenn man von den Besonderheiten im Fall betragsgleicher Eigenwerte absieht (Blockdreiecksstruktur). Notfalls mit komplexer Arithmetik kann man auch dann auf Fastdreiecksgestalt transformieren.

Um beurteilen zu können, wie gut die Diagonalelemente die Eigenwerte annähern, sind Einschließungssätze vom Gerschgorin-Typ für solche Fastdreiecksmatrizen erwünscht (die Sätze von Gerschgorin liefern brauchbare Einschließungen für die Eigenwerte von Fastdiagonalmatrizen, die man nach endlich vielen Schritten der Jacobi-Methode erhält).

In allgemeinerem Rahmen findet man einen solchen Satz bei HENRICI [2] (Satz 4). Dort wird auch der besonders kritische Fall mit erfaßt, daß A mehrfache Eigenwerte hat. Wie ein bekanntes Beispiel von Forsythe zeigt, kann es dann sein, daß sich der Unterschied zwischen Eigenwerten und Diagonalelementen für $\epsilon \to 0$ wie $\sqrt[n]{\epsilon}$ verhält. Hier geben wir unter anderem einen Einschließungssatz an, der anwendbar ist, wenn alle Eigenwerte von A einfach sind, und der dann weniger pessimistische Einschließungen liefert. Andere Möglichkeiten der Fehlerabschätzung beim QR-Verfahren findet man bei DREVES [1].

2. VORBEREITUNG UND EINSCHLIESSUNG NACH HENRICI

Sei λ Eigenwert von $A = D - R - E$ und x ein zugehöriger Eigenvektor. Dann ist $(D - \lambda I - R)x = Ex$. Wir nehmen $\lambda \neq d_j$ $(1 \leq j \leq n)$ und damit $E \neq o$, $R \neq o$ an, da andernfalls die herzuleitenden Einschließungen trivial gelten. Die inversen Matrizen $(D - \lambda I)^{-1}$ und $(D - \lambda I - R)^{-1}$ existieren dann, und aus $(D - \lambda I - R)^{-1} Ex = x$ folgt mit beliebiger Matrixnorm $\|\cdot\|$

$$\|(D - \lambda I - R)^{-1}\| \geq 1/\|E\|. \tag{1}$$

Nun ist

$$\begin{aligned} (D - \lambda I - R)^{-1} &= (D - \lambda I)^{-1}(I - R(D - \lambda I)^{-1})^{-1} \\ &= (D - \lambda I)^{-1}(I + R(D - \lambda I)^{-1} + \ldots + (R(D - \lambda I)^{-1})^{n-1}), \end{aligned} \tag{2}$$

da alle höheren Potenzen von $R(D-\lambda I)^{-1}$ verschwinden. Wir setzen jetzt voraus, daß $\|\cdot\|$ eine achsenorientierte Matrixnorm ist: Für jede Diagonalmatrix $T = diag(t_1, \ldots, t_n)$ ist $\|T\| = max\,|t_j|$. Wenn wir dann zur Abkürzung neben $\epsilon = \|E\|$ noch $r = \|R\|$ und

$$\delta = 1/\|(D - \lambda I)^{-1}\| = min\,|d_i - \lambda|$$

setzen, wird nach (1) und (2)

$$\frac{1}{\epsilon} \leq \frac{1}{r}\left(\frac{r}{\delta} + \left(\frac{r}{\delta}\right)^2 + \ldots + \left(\frac{r}{d}\right)^n\right). \tag{3}$$

Mit der Umkehrfunktion $g(s)$ von $f(t) = t + t^2 + \ldots + t^n$ folgt hieraus die Einschließung von HENRICI [2]:

$$\delta = min\,|d_i - \lambda| \leq r/g(r/\epsilon). \tag{4}$$

Bei der Anwendung wird $\delta \ll r$ sein. Wir schätzen daher in (3) weiter ab:

$$\frac{1}{\epsilon} \leq \frac{1}{r}\left(\left(1+\frac{r}{\delta}\right)^n-1\right).$$

Damit erhält man die Einschließung

$$(5) \qquad \delta = \min |d_i-\lambda| \leq \frac{r\epsilon^{1/n}}{(r+\epsilon)^{1/n}-\epsilon^{1/n}}$$

für beliebige achsenorientierte Matrixnorm, beliebiges $r = \|R\| > 0$ und $\epsilon = \|E\| \geq 0$.

3. ELEMENTWEISE ABSCHÄTZUNG DER INVERSEN MATRIX

Wir gehen wieder von (1) aus und schätzen $\|(D-\lambda I-R)^{-1}\|$ auf andere Weise ab. Es sei wie oben $\delta = \min |d_i-\lambda| > 0$. Ferner sei $\rho = \max |r_{ij}| > 0$. Wenn B eine Matrix ist, bezeichnen wir mit $|B|$ die Matrix der Absolutbeträge. Damit gilt (elementweise)

$$(6) \qquad |(D-\lambda I-R)^{-1}| \leq \begin{pmatrix} \delta & -\rho & \cdots & -\rho \\ 0 & \delta & & \vdots \\ \vdots & & \ddots \; \delta & -\rho \\ 0 & \cdots & 0 & \delta \end{pmatrix}^{-1}$$

(6) folgt aus (2), wenn man die dort stehenden Matrixprodukte ausschreibt und die Dreiecksungleichung anwendet. Die inverse Matrix auf der rechten Seite von (6) nennen wir $P = (p_{ik})$ und finden

$$p_{ik} = \begin{cases} 0 & \text{falls } i > k, \\ 1/\delta & \text{falls } i = k, \\ \frac{\rho}{\delta^2}\left(1+\frac{\rho}{\delta}\right)^{k-i-1} & \text{falls } i < k. \end{cases}$$

Für Matrixnormen mit der Monotonieeigenschaft

$$(7) \qquad \text{aus } |B| \leq C \quad \text{folgt} \quad \|B\| \leq \|C\|$$

können wir nun in (1) $\|(D-\lambda I-R)^{-1}\|$ durch $\|P\|$ abschätzen und erhalten z. B. mit der Zeilensummennorm

$$\|P\|_\infty = \max_i \sum_{k=1}^{n} |p_{ik}| = \sum_{k=1}^{n} p_{1k} = \frac{1}{\delta}(1+\frac{\rho}{\delta})^{n-1} \leq \frac{1}{\rho}(1+\frac{\rho}{\delta})^n$$

und damit

$$\delta = \min |d_i - \lambda| \leq \frac{\rho\,\epsilon_\infty^{1/n}}{\rho^{1/n} - \epsilon_\infty^{1/n}} \tag{8}$$

(gültig, falls $\epsilon_\infty = \|E\|_\infty < \rho$). Mit der euklidischen Matrixnorm

$$\|P\|_2 = \Big\{\sum_{i,k=1}^{n} |p_{ik}|^2\Big\}^{1/2}$$

$$= \frac{1}{(2\delta+\rho)} \{(1+\frac{\rho}{\delta})^{2n} + 2n(1+\frac{\rho}{\delta}) + 2n-1\}^{1/2}$$

$$\leq \frac{1}{\rho}((1+\frac{\rho}{\delta})^n + n)$$

erhält man

$$\delta = \min |d_i - \lambda| \leq \frac{\rho\,\epsilon_2^{1/n}}{(\rho - n\epsilon_2)^{1/n} - \epsilon_2^{1/n}} \tag{9}$$

(gültig, falls $\epsilon_2 = \|E\|_2 < \frac{\rho}{n+1}$).

Welche von den Einschließungen (5), (8) und (9) bei einem praktischen Beispiel am günstigsten ist, ist nicht von vornherein zu entscheiden. Für die Matrixnorm $\|\cdot\|_2$ und $\|\cdot\|_\infty$ ist jedoch $\rho \leq r$ und daher für kleine ϵ im allgemeinen (8) bzw. (9) günstiger als (5). Beim erwähnten Beispiel von Forsythe geben alle diese Einschließungen das Verhalten des Fehlers für $\epsilon \to 0$ richtig wieder.

4. PAARWEISE VERSCHIEDENE DIAGONALELEMENTE

Wenn alle Eigenwerte von A einfach sind, können wir nach hinreichend vielen LR- oder QR-Schritten eine Fastdreiecksmatrix mit paarweise verschiedenen Diagonalelementen erwarten (wenn wir wieder von den Besonderheiten im Fall betragsgleicher Eigenwerte absehen). Wir setzen voraus

$$(10) \qquad \min\{|d_i - d_j|;\ i \neq j\} = \mu > 0$$

und leiten für solche Matrizen die Eigenwerteinschließung (13) her. Diese zeigt, daß sich bei festem $D\text{-}R$ und bei $\epsilon = \|E\| \to 0$ der Unterschied zwischen Eigenwerten und Diagonalelementen wie $O(\epsilon)$ verhält.

Wir brauchen für diese Einschließung eine (grobe) a priori-Abschätzung der Eigenwerte: Sei λ Eigenwert von $A = D - R - E$. Wir nehmen an, daß durch (5), (8) oder (9) eine Abschätzung

$$(11) \qquad \delta = \min |d_j - \lambda| \leq \sigma < \mu/2$$

gegeben ist. Um dies beim praktischen Beispiel einer Matrix mit sämtlich einfachen Eigenwerten zu erreichen, muß man so viele QR- bzw. LR-Schritte ausführen, daß $\|E\|$ genügend klein ist.

Wenn (10) und (11) gelten, ist $\delta = |d_j - \lambda| \leq \sigma < \mu/2$ für einen Index j und daher $|d_i - \lambda| \geq \mu - \sigma > \mu/2$ für $i \neq j$. Da für die Einschließungen (5), (8) und (9) dieselben Stetigkeitsschlüsse wie bei den Sätzen von Gerschgorin gelten, weiß man sogar, daß unter den Voraussetzungen (10) und (11) in jeder der disjunkten Kreisscheiben mit Radius σ um die Punkte d_i in der komplexen Ebene genau ein Eigenwert von A liegt.

Wir schreiben zur Abkürzung $\tau = \mu - \sigma$ und schätzen wiederum elementweise ab:

$$(12) \qquad |(D - \lambda I - R)^{-1}| \leq \begin{pmatrix} \tau & -\rho & \cdots & \cdots & -\rho \\ & \ddots & \ddots & & \vdots \\ 0 & & \tau & \ddots & \vdots \\ \vdots & & & \delta & -\rho \\ \vdots & & & \tau & \vdots \\ 0 & \cdots & \cdots & 0 & \tau \end{pmatrix}^{-1} = Q,$$

wobei δ in der j-ten Zeile und Spalte steht. Auch diese Inverse kann man berechnen. Es wird

$$Q = B_0 + \frac{1}{\delta} B_1$$

mit

$$B_0 = \begin{pmatrix} P_{j-1} & 0 & P_{j-1} R P_{n-j} \\ 0^T & 0 & 0^T \\ 0 & 0 & P_{n-j} \end{pmatrix}$$

$$B_1 = \begin{pmatrix} 0 & P_{j-1} p & P_{j-1} p q^T P_{n-j} \\ 0^T & 1 & q^T P_{n-j} \\ 0 & 0 & 0 \end{pmatrix}$$

Dabei sind P_{j-1} und P_{n-j} die bereits bekannten $(j-1)$ - bzw. $(n-j)$ -reihigen Inversen

$$\begin{pmatrix} \tau & -\rho & \cdots & \cdots & -\rho \\ 0 & \tau & \ddots & & \vdots \\ \vdots & \ddots & \ddots & \ddots & \vdots \\ \vdots & & \ddots & \ddots & -\rho \\ 0 & \cdots & \cdots & 0 & \tau \end{pmatrix}^{-1}$$

und

$$R = \underbrace{\begin{pmatrix} \rho & \cdots & \rho \\ \vdots & & \vdots \\ \rho & \cdots & \rho \end{pmatrix}}_{n-j} \Big\} j-1, \qquad p = \begin{pmatrix} \rho \\ \vdots \\ \rho \end{pmatrix} \Big\} j-1, \qquad q^T = \underbrace{(\rho \; . \; . \; . \; \rho)}_{n-j}.$$

Die Dimensionen der Teilmatrizen in B_0 und B_1 sind damit ersichtlich. Entscheidend ist, daß die Inverse Q hier ein Polynom ersten Grades in $1/\delta$ ist, während die Inverse P in (6) als Polynom in $1/\delta$ den Grad n hat.

Wenn nun $\|\cdot\|$ eine Matrixnorm mit der Monotonieeigenschaft (7) ist, dann folgt aus (1) und (12)

$$\|B_0\| + \frac{1}{\delta} \|B_1\| \geq \frac{1}{\|E\|}.$$

Wenn $\|B_0\| \geq 1/\|E\|$ ist, so ist dies für jedes δ erfüllt. Wenn aber $\epsilon = \|E\| < 1/\|B_0\|$ ist, dann wird

(13) $$\delta = |d_j - \lambda| \le \frac{\epsilon \|B_1\|}{1-\epsilon \|B_0\|} .$$

Falls die Voraussetzungen (10) und (11) erfüllt sind, gilt dies, wie bemerkt, für $j = 1,2,\dots,n$; dabei hängen auch B_0 und B_1 von j ab.

5. BERECHNUNG VON $\|B_0\|$ UND $\|B_1\|$

Wir nennen hier nur die Ergebnisse für den Fall der Zeilensummen- und der euklidischen Norm:

$$\|B_0\|_\infty = \frac{1}{\tau}\left(1+\frac{\rho}{\tau}\right)^{n-2},$$

$$\|B_1\|_\infty = \begin{cases} \left(1+\frac{\rho}{\tau}\right)^{n-1} & \text{falls} \quad j=1 \\ \frac{\rho}{\tau}\left(1+\frac{\rho}{\tau}\right)^{n-2} & \text{falls} \quad 2 \le j \le n, \end{cases}$$

$$\|B_0\|_2 = \frac{1}{(2\tau+\rho)}\left\{\left(1+\frac{\rho}{\tau}\right)^{2n-2} + (2n-2)\left(1+\frac{\rho}{\tau}\right) + 2n-3\right\}^{1/2}$$

$$\|B_1\|_2 = \left\{1+\frac{\rho}{2\tau+\rho}\left[\left(1+\frac{\rho}{\tau}\right)^{2j-2}-1\right]\right\}^{1/2}\left\{1+\frac{\rho}{2\tau+\rho}\left[\left(1+\frac{\rho}{\tau}\right)^{2n-2j}-1\right]\right\}^{1/2}.$$

6. NUMERISCHES BEISPIEL

Die Matrix

$$\begin{pmatrix} 3 & 1 & 4 & 2 \\ 10^{-6} & 2 & 1 & 4 \\ 0 & 1 & 2 & 3 \\ 0 & 0 & 3 & 2 \end{pmatrix}$$

wurde mit einem Standardprogramm für den QR-Algorithmus transformiert in

$$\begin{pmatrix} 3.000\,000 & 0.003\,922 & 0.002\,216 & 0.005\,146 \\ 1.5\cdot 10^{-12} & 0.354\,247 & -2.615\,882 & -2.883\,094 \\ 0 & 1.7\cdot 10^{-13} & 0.000\,001 & -0.919\,183 \\ 0 & 0 & 1.01\cdot 10^{-9} & 5.645\,752 \end{pmatrix}$$

Die Einschließungen (8) und (9) ergeben beide

$$\delta = \min |d_j - \lambda| \leq 0.01254 = \sigma.$$

Mit $\tau = 0,3417$ und $\rho = 2.8831$ erhält man folgende Einschließungen nach (13):

Zeilensummennorm: $|d_1 - \lambda_1| \leq 0.85\cdot 10^{-6}$

$|d_j - \lambda_j| \leq 0.76\cdot 10^{-6} \quad (j = 2, 3, 4)$

Euklidische Norm: $|d_j - \lambda_j| \leq 0.77\cdot 10^{-6} \quad (j = 1, 4)$

$|d_j - \lambda_j| \leq 0.69\cdot 10^{-6} \quad (j = 2, 3).$

Die Diagonalelemente stimmen also bis auf etwa 1 Einheit in der letzten angegebenen Dezimale mit den Eigenwerten überein.

* * *

LITERATUR

1. Dreves, H. D.: Fehlerabschätzung beim *QR* -Algorithmus. Dissertation Hamburg 1971.

2. Henrici, P.: Bounds for iterates, inverses, spectral variation and fields of values of non normal matrices. Numer. Math. 4 (1962), 24-40.

INTEGRATIONSFORMELN ZUR BAHNBESTIMMUNG KÜNSTLICHER SATELLITEN

von P. Wißkirchen in St. Augustin-Birlinghoven

1. EINLEITUNG

An dieser Stelle soll über Untersuchungen zur Reduktion des Rechenaufwandes bei der Bahnbestimmung von Erdsatelliten berichtet werden. Die Bahnkoordinaten eines Satelliten, der von Zeit zu Zeit neu vermessen wird, sollen zwischenzeitlich bestimmt werden. Dies geschieht durch numerische Integration der die Bahn bestimmenden Differentialgleichung. Hierfür werden neue Mehrschrittformeln verwendet.

Die Ergebnisse weiterer Untersuchungen werden in "Berichte der Gesellschaft für Mathematik und Datenverarbeitung" ausführlich dokumentiert werden. Die Arbeiten wurden angeregt durch Dr. C. E. Velez, Goddard Space Flight Center, Greenbelt, Maryland.

2. PROBLEMSTELLUNG

Die Bahn eines Erdsatelliten kann durch ein Differentialgleichungssystem der Form

(1) $$\ddot{x} = f(t, x, \dot{x}), \quad t \in \mathbb{R}, \quad x(t), \quad \dot{x}(t) \in \mathbb{R}^3$$

mit den Anfangsbedingungen

$$x(t_o) = r_o \qquad \text{Ort zum Zeitpunkt } t_o$$

$$\dot{x}(t_o) = v_o \qquad \text{Geschwindigkeit zum Zeitpunkt } t_o$$

beschrieben werden. Dabei ist ein kartesisches Koordinatensystem mit dem Ursprung im Erdmittelpunkt angenommen.

Da das Kraftfeld der Erde sehr präzise beschrieben werden muß, ist f eine komplizierte Funktion, deren Auswertung sehr rechenintensiv ist [7]. Es interessieren daher Integrationsmethoden, die bei vorgegebener Integrationszeit (etwa 30 Tage) und Genauigkeit (etwa 10m) möglicht wenig f-Auswertungen erfordern. Mehrschrittverfahren hoher Ordnung erfüllen am ehesten diese Forderungen.

3. SKIZZIERUNG DER VERWENDETEN FORMELN

Im folgenden werden nur Mehrschrittverfahren der Klasse II, das sind Formeln, in denen keine 1. Ableitungen verwendet werden, betrachtet. Formeln der Klasse II werden in [6] zur Integration von Differentialgleichungen zweiter Ordnung, deren rechte Seite nicht von $\dot{x}$ abhängt, verwendet, also zur Integration von Systemen der Form

$$\ddot{x} = f(t,x). \tag{2}$$

Differentialgleichungen zur Bahnbestimmung hochfliegender Satelliten sind von diesem speziellen Typ, da geschwindigkeitsabhängige Reibungseffekte vernachlässigt werden können. Es sei jedoch bemerkt, daß auch im allgemeinen Falle (1) Formeln der Klasse II sehr vorteilhaft verwendet werden [7]. Es wird deshalb das Differentialgleichungssystem (1) nicht in ein System erster Ordnung umgeformt.

In [7] werden zur Bahnbestimmung im wesentlichen Formeln vom Störmer-Cowell Typ verwendet. Im Report [2] wird gezeigt, daß darüber hinaus die Verwendung von Offgrid-Formeln, wie sie für Systeme 1. Ordnung (Klasse I) in [1] [5], für Systeme 2. Ordnung (Klasse II) in [3] angegeben werden, erfolgversprechend ist. Ähnlich den in [4] angegebenen Formeln der Klasse I werden vom Autor Offrid-Formeln der Klasse II konstruiert, die in jedem der benutzten Intervalle zwei Offgridwerte verwenden.

Insgesamt handelt es sich hier um drei Formelpaare, wovon die ersten beiden die Offgridwerte prädizieren und korrigieren und das dritte Formelpaar der Berechnung des neuen Gitterpunktes dient. Die letzte Korrektorformel wird etwas ausführlicher beschrieben.

Sie hat die Gestalt

$$x_n = -\sum_{i=1}^{k} \alpha_i x_{n-i} + h^2 \sum_{i=0}^{l} \beta_i \ddot{x}_{n-i} + h^2 \sum_{i=1}^{l} (\beta_{i\gamma} \ddot{x}_{n-i+\gamma} + \beta_{i\delta} \ddot{x}_{n-i+\delta}).$$

Die Bezeichnungen erklären sich aus folgender Skizze der Stützstellen.

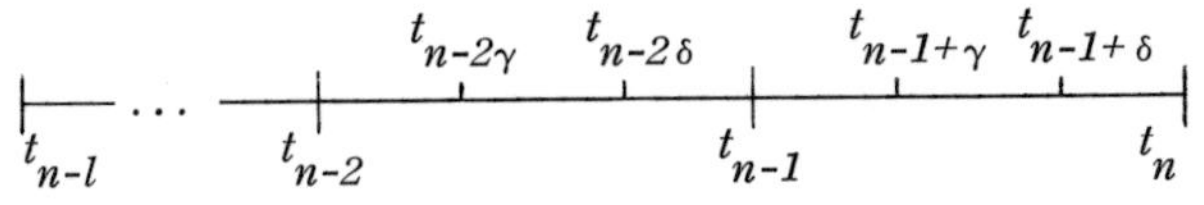

$$t_{n-i} = t_{n-i-1} + h$$

$$t_{n-i+\gamma} = t_{n-i} + \gamma \cdot h, \qquad \gamma \in (0, 1)$$

$$t_{n-i+\delta} = t_{n-i} + \delta \cdot h, \qquad \delta \in (0, 1).$$

Mit Hilfe eines Newton-Verfahrens wird γ, δ so bestimmt, daß die Formel (3) für Polynome bis zum Grade $k+3l+2$ exakt ist.

4. NUMERISCHE BEISPIELE

Aus dem Report [2] ersieht man, daß sich als Testbeispiel das folgende Differentialgleichungssystem eignet:

$$\ddot{x}_i = -\mu x_i / R^3, \qquad i = 1, 2, 3$$

(4)

$$R = \sqrt{x_1^2 + x_2^2 + x_3^2}\,, \qquad \mu = 389\ 603\,km^3/sec^2.$$

Es wurde $k = 2,\ l = 3,\ \gamma \sim 0.335,\ \delta \sim 0.720$ gewählt. Formel (3) ist dann exakt für Polynome bis zum Grad 13. Ein typisches Resultat wird nun angegeben.

Anfangsbedingungen bei der numerischen Lösung von (4):

$$x(t_o) = \begin{pmatrix} 5690 \\ 1474 \\ 6013 \end{pmatrix} km$$

$$\dot{x}(t_o) = \begin{pmatrix} -4.686 \\ 3.849 \\ 2.939 \end{pmatrix} km/sec$$

Integrationszeit: *3o* Tage $\sim$ *36o* Umläufe.

Schrittweite: $h = 424.5$ *sec* (konstant).

Fehler: *o.o1 km*

Zahl der f-Auswertungen in (4): *3672o.*

Die bisherigen Resultate zeigen (vgl. die Ergebnisse in [2]), daß Formeln der hier angegebenen Art zur Reduktion der Anzahl der f-Auswertungen erfolgversprechend verwendet werden können.

Die Rechnungen wurden auf der Rechenanlage IBM/370-165 der Gesellschaft für Mathematik und Datenverarbeitung mit einer Genauigkeit von etwa 17 Dezimalen vorgenommen.

* * *

LITERATUR

1. Butcher, J. C.: A modified method for the numerical integration of ordinary differential equations. J. ACM 12, 1 (1965), 124-135.

2. Chesler, L. and S. Pierce: The application of generalized, cyclic, and modified numerical integration algorithms to problems of satellite orbit computation. Technical Memorandum System Development Corporation. Santa Monica 1971.

3. Dyer, J.: Generalized multistep methods in satellite orbit computation. J. ACM 14, 4 (1968), 712-713.

4. Filippi, S. und S. Krüger: Verallgemeinerte Mehrschrittverfahren - eine Klasse effizienter Methoden zur numerischen Integration gewöhnlicher Differentialgleichungen. Mitteilungen aus dem math. Seminar Gießen 93 (1971).

5. Gragg, W. B. and H. J. Stetter: Generalized multistep predictor - corrector methods. J. ACM 11, 2 (1964), 188-209.

6. Henrici, P.: Discrete variable methods in ordinary differential equations. Wiley, New York 1962.

7. Velez, C. E. and G. P. Brodsky: GEOSTAR - 1. A geopotential and station position recovery system. Goddard Space Flight Center, Greenbelt, Maryland, Preprint X553 - 69 - 544 (1969).